会折腾的人
最有钱

找对路子才能迈对步

高一飞◎编著

中国华侨出版社

·北京·

图书在版编目 (CIP) 数据

会折腾的人最有钱：找对路子才能迈对步 / 高一
飞编著 .—北京：中国华侨出版社，2012. 9（2025. 4 重印）
ISBN 978-7-5113-2482-5

Ⅰ.①会… Ⅱ.①高… Ⅲ.①成功心理－通俗读物
Ⅳ.① B848.4-49

中国版本图书馆 CIP 数据核字（2012）第 116335 号

会折腾的人最有钱 ： 找对路子才能迈对步

编　　著：高一飞
责任编辑：唐崇杰
封面设计：周　飞
经　　销：新华书店
开　　本：710 mm × 1000 mm　1/16 开　　印张：12　字数：137 千字
印　　刷：三河市富华印刷包装有限公司
版　　次：2012 年 9 月第 1 版
印　　次：2025 年 4 月第 2 次印刷
书　　号：ISBN 978-7-5113-2482-5
定　　价：49.80 元

中国华侨出版社　北京市朝阳区西坝河东里 77 号楼底商 5 号　邮编：100028
发 行 部：（010）64443051　　　　　　传　真：（010）64439708

如果发现印装质量问题，影响阅读，请与印刷厂联系调换。

前言
preface

　　在现实生活中，许多人都渴望生活得更加美好，但却找不到致富之门；他们渴望成功，但却找不到成功的方法。于是，有人想到了折腾，试图折腾一番改变命运。折腾成功是需要能力素质的，那么我们该如何提高折腾的能力？

　　其实方法本身不能为我们带来财富，需要我们用行动来支撑。致富欲望不强的人，不可能全身心投入，就算学习了很多致富经验，也只能瞧瞧热闹，不能够改善自己钱包的状况。

　　在此，也要提醒那些急于想赚钱的朋友：招数是死的，人是活的，折腾的运用之道，在于熟能生巧。天下致富的方法远不止这些招数，这些招数也未必是最好的。本书可帮助你起步。当你全身心投入致富事业中，只要开动脑筋，举一反三，就会创造出许多新的致富方法来。

　　折腾不会一帆风顺，任何一项事业都有一个艰难和痛苦的成长历程。成功是人生认识自我的一个重要的过程，一个不可或缺的过程，一个比较现实和严酷的过程。你想成功，就必须付出常人几倍甚至是十几倍的艰辛努力。你若想成就多大的事业，你就要付出多大的努力。

　　既然选择了折腾，你要有这样的准备：你随时都要准备好会失败，而且，有许多的失败是让你一生都无法再从头开始的；你还要准备好承受住各种各样的痛苦；折腾的路上，还有许多你意想不到的事会发生，等待着你去接受考验。

当前，从事经商的人很多，可真正懂经商、会经商的人的确太少了，能干大事、赚大钱，凭真才实学走出自己成功之路的人更是凤毛麟角。如果你希望在商海中有大的作为，踏上通向成功的捷径，就需要转变思路。一个新的财富观念就会让你手中的钱活起来；一个新的理财思路，你的财富就会快速增长；一个新的创意，会让你可以找到赚大钱的新路；一个新的方法，你可以用别人的钱赚自己的钱；一个新的招数，你能出奇制胜，由普通人转变为富翁。转变思路，你会赢得更多。

让我们拿出勇气和胆量，放手一搏，创造人生的新境界吧！这本书不仅能给你勇气，而且还教给了你折腾的智慧，使你读之受益，读之长识，启迪您的灵感，开发你的智慧，它将为你展示出成功之路该如何走，怎样才能在最短的时间里获得最大的成功。

目录
contents

第1章
人生怎可耐寂寞
——把握好折腾心态，财富怎会在门外

第 2 章

别说机会在等你

——不怕你眼"独"，就怕脑袋不成熟

第 3 章

朋友多了路好走

——钱是物人是路，铺开了路差不了物

第 4 章
想赚钱就动脑子
——抓住金点子，脑袋够用钱就够用

第 5 章
别忽略信息效益
——探听一手资讯，耳听八方才能聚财入筐

第 6 章
无限风光在险峰
——练不出胆子，就别指望成功

第 7 章
另辟蹊径寻出路
——走没人走的路，找到专属于你的藏宝图

第8章
积极探寻财富奥秘
——谋财各有道，外圆内方是钱道

第 1 章

人生怎可耐寂寞

——把握好折腾心态，财富怎会在门外

以积极的心态去做事，也因喜欢而做事，何愁得不到财富。当你
富有的时候，就与大家一起分享幸福的喜悦，这样一来，你又可
以获得他人的信赖和尊敬。

历练致富思考力，打造聚财的火眼金睛

每个人都想成为一个富有的人，可并不是每个人都能实现自己的愿望。有人觉得自己天生就不是当成功者的命，可有人却始终坚信自己能够成功。他们靠着自己智慧的脑袋反复思考着，坚持不懈地折腾着，最终在反复摔打中练就了自己致富的必胜绝招，那就好比是孙悟空的火眼金睛，只要是财路就绝对会被他们紧紧地握在手里。

苹果从树上掉下来，为什么只有牛顿问了个为什么？很多人思索半天，也不会有所收获。法国的微生物学家巴斯德给了我们很好的回答："在观察的领域中，机遇只偏爱那种有准备的头脑！"人生想做出一番事业，肯定要经历一番折腾的，我们不但要折腾，还要折腾出成果来，让手里的银子一天天地集聚起来，不放过身边的每一条致富的好路子，练就一双会聚财的火眼金睛。

其实创造财富的机会无处不在、无时不有，它遍布于每一个细节当中。关键在于我们是否有观察和思索的眼光，去发现那些隐藏于表象下面的"金矿"。常听到有人抱怨：创业没机会、投资没领域，牛顿的苹果怎么就砸不到我呢？问题在于，砸到牛顿的那个苹果其实也只是个普通的苹果。

在我们的一生中遇到特殊机会的可能性微乎其微，寻常的机会却时刻萦绕在身边。生活中充满了机遇，关键看你能否将其变为有利条件、成功的支撑。但是人都盯着远方朦胧的理想，对眼前的机会视而不见。

机会其实是无处不在的，就看你是否善于观察、发现市场空白。很多时候，用小资本成就大事业并非遥不可及，当你想创业而苦于看不到大机会或资金不足时，在二手用品、旧货上多多留心，或许会有意外的收获。

在 1977 年的时候，汤姆·达克拿出自己的全部储蓄买下 9 辆车况良好的二手汽车，加上自己的车，组成了一个 10 辆汽车的小型车队，开始了出租旧车的业务。当时，美国出租车市场由一些巨头掌握，出租费按一天 15 美元到 20 美元的费用收取，有的甚至高达 25 美元。而达克的公司却只收取 4.95 美元一天或者一公里 5 美分。

这么大的差价就在于其他公司用的都是新车，而达克提供的是旧车。实践证明，这种为客户节省开支的做法很有市场，尤其是对于那些没有报销费用自己掏腰包的人或者大多数不能刷卡的妇女们，这种价格低廉、租用方便的形式很快俘获了善于精打细算的大众的心。一年后，他和妻子成立"丑小鸭"汽车出租系统有限公司，形成规模宏大的高利润公司。他创业不到 10 年，就拥有了近 600 个特许联号。

这个故事告诉我们，在 20 世纪七八十年代，市场经济高速发展，汤姆·达克敏锐地观察到出租车市场的"空白市场"，即低廉价位的出租车具有广泛的市场需求。敢想敢做是他的风格，结果，他成功了，他的出租车业务受到了大众的欢迎。观察和思索让他发现了巨大的商机，折腾一番终于换来了财富的回报。

30 年前，江西余江的张果喜只是一个普通的乡下木匠，一次机会，他走进了上海市第一百货公司，被货架上的一件商品所吸引。

他专业的目光扫过去就知道：那是一只樟木箱，长约 28 寸，枣红漆制，箱面上刻有"龙凤呈祥"图案。他问了下价格被吓了一跳：这么一只箱子竟卖 260 元，而且是进口货，已经脱销了，只剩下这个样品。

张果喜立刻觉得有利可图，在他的家乡，樟木箱的价钱由尺寸决定，这么大的箱子只要 28 块钱，如今一经雕刻，价钱翻了近十倍，上市后供不应求。于是，他壮着胆子跟服务员说自己是一家木器厂的厂长，也能生产这样的箱子。服务员随即让他先拿几只木箱来看看。

他回到家中，立刻搬出樟木板，请来雕刻师傅精心加工刻制。几天后，4 只精致的樟木箱被托运到上海第一百货公司。商场负责人看完样品，当场签下了 200 只的合同。当时，樟木箱是嫁女必备之物，需求量很大，光这一笔生意就让他净赚了上万元，一下成了当时少有的万元户。

这次成功让他在家乡办起了木雕厂，生产雕花樟木家具销至上海等大城市，甚至出口到日本，被日本一家著名株式会社赠与"东方雕刻第一家"的名号，也开始了他迈向亿万富翁的第一步。

张果喜从一只普通的樟木箱子观察到了致富的机遇，掘到了人生的第一桶金，最终让他事业壮大，成立了果喜集团。那只是一只普通的箱子，摆在那里，很多人都看到了，却没有人去行动。然而只有张果喜看到了其后的巨大商机，并抓住机会、付诸行动。其实，生活中处处都藏着装满机遇和希望的"百宝箱"，等待着有财富慧眼的人去发掘、去开启。抓住机遇是创业发财的前提和基础，问题的关键是：什么是机会？怎样寻找商机？慧眼要如何锻造？

总之，我们的生活需求处在不断的发展变化之中，无数的商机就蕴涵其中。敢于折腾，你就能抓住改变命运的机遇。只要我们开动脑筋，善于观察，善于思考，就能及时发现迎面而来的无数商机，加上勇于折腾的行动力，就能把机会变为宝贵的财富。所以不要再在那里自暴自弃了，开动自己聪颖的智慧，几番折腾以后，你同样会拥有一双会聚财的火眼金睛。

财富悟语

观察我们身边，商机无处不在，关键在于我们如何去发现，如何去认识。"眼中的商机"来源于渴望致富的心灵和在平凡之中发现商机的思考之心，折腾从内心改变开始。我们不能满足于一眼就能看出的表面机会，更不能局限于那些思维和认识。心灵的视野一旦打开，你的折腾之路就会开启，你的财富就会源源不断而来。

财富是用诚信折腾出来的

诚信就是诚实守信，无论对个人还是企业都十分重要。对企业来说，诚信就是我们发展的品牌；对于个人来说，诚信则是一个人创造财富的基础。虽然创业的道路中有很多艰难险阻，但是有了诚信，你的路途会越走越顺，事业伙伴也会越来越多，财路也会越来越通畅。

要想折腾出财富，首先要以诚信为本。诚信是一个人的安身立命之本，更是一个企业获得发展的不竭动力。一位美国管理学家曾说："我们能花钱买到一个人的时间，你能花钱买到劳动，但你却不能花钱买到热情，你不能花钱买到主动，你不能花钱买到一个人对事业的奉献。"员工对企业是否忠诚，首先要看企业对员工是否诚信。同样，员工对企业也要"以诚相待，讲求诚信"，员工如果徇私舞弊，就是对企业最大的不诚信。如今绝大多数企业都倡导诚信，因为他们意识到，诚信是兴隆企业文化内涵最重要的部分，也是企业成功发展的秘密武器。诚信是社会时尚，也是企业生存的基础，更是一个不安于现状、勇于折腾的人的有利武器。

诚信是金，财富是用诚信折腾出来的。在创建和谐社会的今天，怀抱梦想的人们诚实守信，付出辛勤劳动和汗水，收获着希望，实现了他们的人生价值。

即将春耕的时候，以种植蔬菜为业的李文强接到了客商陈留意的电话。陈老板告诉他，自己将一如既往按照老规矩收购李文强种植的蔬菜。

李文强已和陈老板打了近10年交道。这么多年来，他种植的蔬菜大多被陈老板收购，李文强每年赢利都在5万元以上。现在，李文强购买了电脑，住进了新房。提起和陈老板合作的事儿，李文强感慨地说：

"这些年我们和谐相处，互利互惠，靠的就是诚信这个'金招牌'。"

新世纪初，李文强开始种大棚蔬菜，因信息不畅，生产出来的西红柿一时找不到销路。在他左右为难时，陈老板来收购蔬菜，不仅价格给得高，而且双方签订了长期供货合同。那一年，李文强种植的西红柿赢利了 1 万多元。从那以后，两人成了长期合作伙伴。不管市场行情好坏，李文强种的蔬菜陈老板都按时拉运。2001 年市场行情差，很多职工种植的莲花白都烂在菜窖里。陈老板二话没说，按合同拉走了李文强种植的 200 多吨莲花白，给他挽回经济损失近 10 万元。2007 年，蔬菜价格一路飙升，李文强种植了 80 亩莲花白，很多客商出高价订购，甚至找人托关系把 10 万元订金送到李文强家。当时，李文强真有些动心了，但一想到困难时陈老板的帮助，李文强就打消了念头，按合同将莲花白卖给了陈老板。李文强说："诚信就是财富，诚信就是人与人之间和谐相处的润滑剂。如果失去诚信，那就失去了一切。"

说到诚信，李文强有自己的理解。他说："诚信就是言行一致，说话算话。言而有信，我的事业才会折腾得这么大。诚信是人之根本，社会之根本。不讲诚信，人无法立于世；没有诚信，社会就无法正常运转。"

讲究诚信的合作伙伴是值得信赖的人，也是值得托付的人，更是能一起折腾的人。诚信让我们结交共同致富的朋友，诚信带领人们走向光明的未来之路。一个普普通通的农民，一个信守诺言的客商，在近十多年的合作中，他们用诚信维护了财源的畅通，保障了双方的利益，折腾出了财路的"共赢"，是很值得人们学习的。

会折腾的人，应当懂得用诚信赚取财富。在寻求财富的道路上，诚信更是重中之重。一个市场信用不好，就会衰落萧条；一个企业信用不好，就很难生存发展。社会主义市场经济是法治经济，也是道德经济，更是信用经济。一个企业信用不好，将会在无情的市场竞争中被淘汰出局，这是社会发展的必然规律。

财富悟语

　　诚信经营是决定个人和企业长远发展的因素之一，是发展的"核心技术"。不诚信，只能是短视行为，是自毁前程的做法。缺少诚信，你再努力折腾也是徒劳的。当你取得骄人战绩的时候，当企业获得稳步发展的时候，能够永葆个人和企业活力的只有诚信之路了。成功者的特色，除了敢折腾，还有坚守诚信。

创新才能赚取财富

　　打破传统，才会创造出一个崭新的未来。每一次重大的技术变革都是对传统的否定，每一项技术革新都必然对传统的法律、文化、科学现状构成巨大的挑战。启开财富的大门，就要善于打破传统，用创新的精神赚取我们的财富。死守祖制只能牵绊我们的行程，就别再犹豫了，时不可待，机不可失。

　　社会的残酷竞争下，如逆水行舟之势，不敢折腾就会丧失主宰命运的机会。想要折腾出一番事业，首先要敢于打破传统，勇于创新。什么是日新月异呢？那就是一日一变迁，一月一大步。如果我们还迷糊在传统里，如果还犹豫是否跨出一步，如果还处在挣扎徘徊的边缘，我们的折腾就不可能成功，机会就会被我们错失，财富也会远离我们。

打破传统，冲出祖制，并非隔离传统、脱离传统自成一派。而是用睿智的眼睛去发现那些已然要成为负累的东西，摒弃那些太过落伍的思想，勇敢地改变它、完善它。"落后就要挨打"，只有从贫穷中汲取教训，知耻而后勇。我们自己不敢打破传统，到时候被别人打破了头颅，再后悔也晚了。

盖北镇是全国有名的葡萄种植镇，这里的人们善于打破传统，开拓出一条致富的捷径——葡萄没熟就开摘拿去卖。因为打破传统而成了新闻媒体的致富样板。事实证明，这样做不但避开了台风，效益也更好。

等待葡萄成熟后采摘再售往市场，这是以往葡萄种植户千篇一律的做法。而盖北镇却是另一番景象：棚架下挂着一串串泛青的葡萄，离成熟还有 20 多天，但果农已手持剪刀，将青葡萄剪下来，装在筐里，拉到村口的收购点卖掉。

每到葡萄成熟的季节，也是台风登陆的频繁时节。采摘青葡萄不仅使剩下的葡萄长得更好，而且避开了台风季节，果农的收入大增，起到 1 加 1 大于 2 的效果。某电视台《致富经》栏目近日还专门介绍了盖北镇的这一模式，为全国葡萄种植提供一个青果＋红果搭配销售的"楷模"。

盖北镇拥有葡萄种植面积 1.2 万亩，年产葡萄在 2.5 万吨以上。为了解决葡萄"卖难"问题，当地政府倡导葡萄"计划生育"，通过多次疏果，将多余的葡萄剪掉。最后一次疏果期，离葡萄成熟只有 20 多天。

许多果农觉得将这么大的葡萄剪掉，着实可惜。

一次偶然的机会，几个广东商人的到来改变了盖北葡萄的命运。2003 年 7 月，广东食品罐头厂的几个人前来"踩点"，详细询问了青葡萄的相关事宜。聪明的盖北人觉得，销售青葡萄大有文章可做。

于是，应国兴等几个头脑活络的贩销大户，带着尚未成熟的青葡萄，开始赶到亚洲最大的罐头生产基地——台州黄岩区，与那里的食品罐头加工企业进行面对面的接洽。

双方一拍即合，盖北青葡萄迅速与黄岩罐头企业"联姻"。由于盖北种出来的葡萄肉质坚硬，与其他地方的葡萄相比更适合做罐头。于是，每当 7 月葡萄尚未成熟，黄岩的"收购大军"开着大卡车蜂拥而入，盖北的种植户们也赚得盆满钵满。

将未成熟的葡萄剪下，并非投机取巧和偷奸耍滑，而是一个致富的创举。现代的农民没有被传统思想所束缚，勇于打破传统，赢得了更多的效益。生活中最大的束缚，莫过于捆绑了一个人的思想。在诸多方面都被传统所牵制，怕前畏后，这样怎能突破？其实所谓传统，不过是个相对概念，相对现代而已，那么现在的突破将会是明天的传统，你目前打破的东西得到正确的发展，就是在改变未来的传统。

传统中好的东西我们就去发扬，不可全盘否定；当传统不适应发展时候，我们就要打破它。"传承"不是只传播、只承认，而是不断地改进、创新、发展。试想一种东西最初诞生是否就完美无瑕，即使是完美的，经过千百代传播又怎能完美地传接下来？何况世界是在不断发展中的，那么一个从不改进的东西是否注定该被淘汰？

想要折腾得好，就要敢于打破传统。死守传统而不知变通，就会严重束缚我们的财富创造能力，束缚我们折腾的思路。只有开拓我们的思路，折腾才会很顺畅，创新才会赚取财富。

财富悟语

　　我们是有思想的人，想致富的人都是有思想的勇士，敢折腾的人也是勇于挑战传统的斗士。我们不要把眼光放在别人身上，不要把希望寄托给梦想，只有打破祖制，才会让我们的希望永远不死。打破传统，做个会折腾的人，做个不朽的开创者，赢取属于我们自己的财富！

什么时候都要做务实的俊杰

　　有折腾雄心的人开始的时候都是满腔热血，恨不得第二天就能堆积出一座金山来。但折腾更需要务实，只有务实才会走得更远。务实不是妥协，也不是畏惧，更不是放弃，而是为了更好地辨别和规划好前面的路，踏实地行走。正如哲学家维特根斯坦所说的："我贴在地面步行，不会在云端跳舞。"既然"云端"不属于我们，那我们就紧贴"地面"，将每一步走好。

　　很多人都想趁着大好年华和大好时代奋斗一番，做一个时代的俊杰。但做务实的俊杰，就是依据实力定目标，依据能力做事情。远大的目标，固然能够指明方向，催人奋进，然而彼岸终究太远，有太多虚幻。而根据自己当前的实力，确定切实可行的目标，就容易靠近，继而再向更高的台阶迈进，获取财富也比较容易。就好像是在玩网络游戏，里面有很多关，每过一关，都必须具备一定的条件，闯过一关，自然能收获一份喜悦，同时产生一份期待。一份份新的期待，催生一个个新的目标，只有循序渐进才能推动梦想的实现。

做务实的俊杰，不是瞎折腾，而是持之以恒去行动。目标的实现不是想出来的，而是做出来的。要认识清楚小目标和大目标之间的鸿沟，唯一的办法是勤勤恳恳。无论你有什么创富的好主意，都必须付出漫长而艰辛的劳动，三分钟的热度是炼不成人生的金钥匙的。所以，抱着务实的态度，有坚韧不拔的意志和行动，才有可能成功。

16年前，刘祥治是一家玩具厂的销售员，负责商场的玩具经营。后来工厂体制改革，刘祥治就承包了商场的专柜，由此走上了创业的道路。刘祥治是个做事踏实、为人热心的人，但凡有人求他办事，只要力所能及他都尽心尽力办好。因此与商圈内的许多人士建立了良好的人际关系，也获得积极的回报。比如创业时，由于经验不足，刘祥治经营的产品常有销不动的情况，有商场经理给他出点子，告诉他哪些产品市场销售较好，可以尝试经营这些产品，并且相互间介绍合作机会。

"要十分重视倾听、采纳朋友的意见，有时是旁观者清，当局者迷。"刘祥治总结说。他就是得益于朋友的提示指点，加上自己的观察，将公司的经营定位在"走中高档路线"，并且取得了市场的认同。一直以来，许多人都觉得南宁消费水平不高，倾向于经营低价产品。但实际上，到商场的消费者都是有一定消费能力的顾客，他们更为重视的是玩具产品的质量、创意有趣，并不特别介意价钱，对能够启发孩子学习的玩具尤其如此。"代代新"将经营产品定位中高档就迎合了市场的需求。

代代新工贸公司经营玩具，是当地上规模的公司之一，代理很多出名的品牌玩具。如今公司已成功打造了一个玩具营销网络，成为当地不少商超的供应商。公司经理刘祥治除了善于学习、待人诚实、尽心尽力做好每一件事，最重要的就是以务实的态度经营。

有一年，距离春节还有 20 多天的时候，也正是玩具销售行业备货、发货最繁忙的日子，但经理刘祥治仍然像往常一样，约请商场的经理们饮茶聊天，他是要倾听这些对商场动态十分熟悉的朋友对市场的看法。"我比较务实，十分重视与朋友交往，我从他们身上学到许多东西，这对我的经营很有帮助。"刘祥治如是说。

当地的玩具经营情况，同国内许多大城市一样，现在主要的商业形态已经转移到商场、超级市场、连锁店经营发展。"谁能获得商场、超市商业网点，谁就占有了市场。"这一观点，现在销售商都十分认同。而早在 20 世纪 90 年代，这些商业形态刚出现还未发展成熟时，许多人并没有意识到。刘祥治就开始在商超市场建立销售窗口，跟上了时代发展的潮流，为公司的发展奠定了良好基础。

经过多年的努力，"代代新"的经营规模已名列当地三甲，是当地主要的大商场和大卖场等商家的玩具供应商。"代代新"在这些商超市场设有玩具专柜，成功建立起一个集批发零售、仓储物流为一体的大规模玩具销售公司。

尽管十分看好玩具市场的发展空间，但对于未来的发展计划，刘祥治表示并不急于拓展外地市场。虽然公司在很多地方已经有销售点，不过他仍将工作重点放在进一步加强本地的市场的渠道建设上，然后再把批发业务抓起来，先把公司的根据地做强，然后再做大。他希望将"代代新"建成一个品牌。

刘祥治取得事业的成功，为自己和公司赚取了财富，为社会作出了贡献，得益于他在创业时候，能够识时务地看到玩具行业的发展前景，适时地抓住了机会，壮大了自己，使企业在当地站稳了脚跟；当企业获得发展壮大的时候，他没有好大喜功，沾沾自喜，没有盲目地决策让企业向外扩张，而是脚踏实地地一步一个脚印，以自己的方式稳步发展，从而能够聚财，更能守财，不失为一个能折腾但很识时务的俊杰。

想要创富的人们更要树立务实的做事态度，克服心浮气躁的心态。常言说，性格决定命运，一个不务实的人很难想象他的事业会走向成功。折腾需要激情，但更需要"低调务实"的做事风格。但同时也有人怀疑，低调务实的秉性如果走向极端，会不会陷入"故步自封"的泥淖呢？当然不会，因为一个抱着折腾心态的人心里的舞台会很大，走好每一步，当然是为了把戏演得更好。

财富悟语

人生不但要折腾，还要会折腾，将自己手里的事情折腾好，所以务实之心是必须具备的。怀有创富之心的人，做任何事都要求真务实、少说空话，不做表面文章、不搞花架子、不搞形式主义。敢于折腾的人要处处坚持重实际、说实话、务实事、求实效，必须大力发扬脚踏实地、埋头苦干的作风，自己的事业才会有大发展。

没有点雄心就别想发财了

在我们的生活中，让人进步的力量很多，雄心是其中很重要的力量来源。因为有雄心，可以让人从贫穷走向富裕，所以想折腾的人首先要立志发愿；因为有雄心的人行动力强，所以他们发愤图强。有了雄心，才能帮助他们完成人生的目的，使有折腾欲望的人更加有动力，更加容易成功。

人生在世，平庸的人必然是枉费此生的，所以要想成功，我们就必须在自己的心里种下一些雄心的种子。亚洲首富孙正义 19 岁开始创业，一年之内制定了 40 个创业计划，但他只选择其中一个最好的计划——开办软件银行，由此登上了财富的天梯。可见，一个敢于折腾的人，他的雄心的强烈与否与他的事业高度从某种意义上来说，是成正比的。

纵观古今中外的名人，他们之所以能成就惊天伟业，都是因为胸怀壮志；因为有大愿的心、有大雄心，所以才会有所成就。就好比说班超"投笔从戎"，因为他有效法张骞出使西域的雄心，最终立功异域，名垂青史；刘秀"得陇望蜀"，因为他有统一大业的雄心，所以才能荡平逆党，得遂所愿。再看历史上有多少寒门士子，十年苦读，终能一举成名，也是因为有求取功名，光宗耀祖的雄心。而在商场上，强烈的赚钱欲望与出人头地的雄心，会帮助一个人最终折腾出一片崭新的天地来。

全台湾地区的西餐厅数不胜数，有成千上万个西餐厨师，但是能在法式西餐界叫得出名号的厨师，吉姆称得上是第一人。因为他一手创立的"法乐琪"，年营业额达 1 亿元，吉姆靠着用心与雄心成就他的财富与名声。吉姆家境清寒，初中毕业就得到餐厅当学徒，但是跟其他学徒不同的是，少年的吉姆就已决定要出人头地。他花一年半的时间补习英文考进了饭店，受到老板蔡辰男的赏识，留职带薪送到日本学法式料理。老板对吉姆高度期许，吉姆对自己的要求更高，继续勤练法文，自掏腰包到法国巴黎大饭店学习纯正的法国料理，几年后坐上了饭店安东厅顶级厨师的大位，年薪高达 200 万元。但是吉姆继续力争上游，拿出仅有的 150 万元存款及抵押房子的贷款，开创法乐琪，过去培养的人际关系与高超厨艺，使得法乐琪迅速打响名号，小学徒靠着想要出人头地的强烈企图心，终于创造上亿身家。

光有雄心而不采取行动是痴心妄想，雄心不是凭空等待，有了雄心想要折腾出一番大事业，就应该起而企划筹谋，进而付诸行动，最终才能实现愿望。

每个人都希望受到尊敬，每个人都希望成为别人敬仰的对象，但是这一切的前提是我们有多少资本能吸引别人这样做呢？不用多说，要想最终成为众人眼中成功的佼佼者就必须强大自己，而强大自己的必备能量就是我们有想把事情做好、做大的雄心，有了它我们行动起来才会更有动力，我们的人生才会更加精彩，我们才不会认为自己是白白地来到人间走了一遭。

徐鹤宁的亲属和朋友没人会料想到有一天她会拥有巨额财富，她会成为名人。一切只缘于一个信念：要做永远的第一名；一切只因为一个要求，那就是行动至上。可以说，徐鹤宁的性格具备成功者的有利条件——开朗、执着、好胜心强，更重要的是雄心强烈，谁能说她的成功能够缺少强烈的雄心？也正是如此成就了亚洲销售女王。

她是一个出身于普通工薪家庭的普通女孩，大学毕业放弃了安稳的工作，选择了零底薪的销售事业。徐鹤宁坦诚地说，一开始自己是犹豫的："我堂堂一个大学生，怎么能去做销售？"院长的一番话激励了她："既然你想要年轻大成功，而你又是属于那种创造性的人才，需要挑战、需要压力、需要激发潜能，所以我建议你从销售做起。"院长还说："在这个世界上所有最有影响力的成功人士都很会销售。"激励是为了激发行动力。面对激励，有的人不当回事，有的人只是一时的感动，有的人选择退避，而只有行动力强的人才敢于接受，敢于尝试，并因此受益。徐鹤宁便是虚心接受激励且马上行动，朝着目标执着向前的人。关于行动力，徐鹤宁独具个性的形容是："要成功，先发疯，头脑简单向前冲。"她所谓的"头脑简单"并不是什么都不想，而是有了目标，想好方法以后就要心无杂念地行动起来，并且不达目的誓不罢休。她有这样一个故事：因为没有完成当日预期的销售利润，在半夜她拦住一辆奔驰，只为找到最后一个客户。这个故事看似荒唐，也不是所有人都能如徐鹤宁一般"疯狂"，但是她由雄心带来的不折不扣的行动力是值得大家学习的。

从故事里可以看出，获得财富需要强烈的雄心，而对财富的欲望是成功者行动力的最佳引擎。雄心可以激励刺激那些做创富梦的人们前行。当我们内心想要得到什么东西的时候，就把它落实到纸上，不时地激励自己去努力，从而实现梦想。

创造财富需要激情，在刚刚起步的时候，几乎所有人都能够满怀热情全身心投入激情的工作中。然而一遇到困难，就有人开始退缩了，最后能够坚持下来的人寥寥无几。也有的人只是为了追求物质利益而努力，这种刺激同样是短暂的。缺乏耐力和真正雄心的人很快便会被现实击垮。

积聚财富是一个长期积累的过程，没有人是一夜之间富裕的，暴富的摇钱树不过是我们内心的幻想而已。如果我们的手想要通过折腾一番触摸到成功，那么你就要随时激励自己的雄心，准备把握机会，展现超乎他人的非凡才能，不断发挥自己的创造力和各种能力，永远保持一种自发的强烈的工作热情，最终才会成就大业，而不是做一个得过且过的人。

财 富 悟 语

> 雄心是激发个人潜质的优质动力，要想折腾得好就要培养自己的雄心。雄心的大小，在圣凡之中立即分明。雄心让工作不再是一种负担，而是为我们搭建成功的阶梯，这样，即使是最平凡、最枯燥的工作也会变得意义非凡，这也就意味着我们手中握住了更多超越他人的机会，雄心是你折腾路上不可缺少的筹码。

第 2 章

别说机会在等你

——不怕你眼"独"，就怕脑袋不成熟

会折腾的人一定要脑袋成熟，要妥善抑制自己的冲动和莽撞，掌握好自己行动的节奏，有张有弛，有所为有所不为。这样才不会被眼前的假象所迷惑，不会走太多的弯路。

没错，我就是个"野心"家

　　多少成功案例证明，没有"野心"的人干不成大事，会折腾的成功者都是"野心家"。如果想成功的话，就必须吃着碗里，看着锅里，眼睛还要瞄着别人的裤兜里。致富的梦想和漫无边际的空想是迥然相异的。空想是白日做梦，永远难以实现，而致富的梦想是人人可及的，以热忱、精力、期望作为后盾的一种具有想象力的思考。有"野心"，你也就有了成功的源动力。

　　会折腾的人都是"野心家"。那些成功的人在开始的时候都不安于现状，总是想：这辈子只能这样吗，究竟还有多大的发展空间，这辈子能不能做更多自己希望成就的事情？比起碌碌无为的人来说，他们多了一份斗志，一份执着，一份坚强，一份成就自己的野心，正是因为这样，他们才会在寻找成功的路上不断探索，不畏艰险，敢于直面挑战，不走寻常路，最终才摘得了少数人才能得到的成功财富。

　　生活中，很多人想折腾一番但却发现自己的生活并没有太大的改观，他们发现自己没有找对路子，当然步子也没有迈对，所以就不是一个有钱的人。归根结底，因为他们没有"野心"。缺少了"野心"，也就缺少了折腾的动力，缺少了不断探索、进取的思想，成功也就遥遥无期！

亚洲首富孙正义就是一个怀有远大梦想的人。上初中时，父亲送他去上学，并鼓励他说："正义，一个全新的生活开始了，好好读书，将来成就一番大事业。"

孙正义回答："放心吧，爸爸，我会努力学习，将来一定能够成就一份大事业的。"

孙正义是这么说的，也是这么做的。16 岁时，他独自来到美国，19 岁时他已挣到第一个 100 万美元，并立下了"人生 50 年计划"：

在 25 岁以前确定自己努力的方向；

在 30 岁以前累积至少 1000 亿日元的资金；

在 50 岁以前一决胜负；

在 60 岁以前完成事业；

在 70 岁以前交棒，让下一代继承事业。

为了实现自己远大的梦想，他在 21 岁时创立了公司，从此开始了向事业全力冲刺的过程。在发展事业的过程中，虽然遇到了不少挫折与困难，但他内心却始终坚信："只要梦想在，成功就会拭目以待。"为此，他不断努力地拼搏，用自己跌宕起伏的商战经历，向世人展现了新经济时代经营者的独特风貌，并取得了卓越的成就。

2000 年，因为孙正义帮助引进了电子商业，促进了风险投资的大发展，美国的《新闻周刊》把他评为亚洲风云人物。尔后他以 300 亿美元的资产成为亚洲首富。

折腾源自于"野心"，从孙正义的不凡故事，我们可以看出：在那些有梦想的人身上才会出现成功，拥有远大的发财梦想，就会拥有一片瑰丽的财富天空。"野心"成就一个敢于折腾的人的发财梦想。一个想成就发财梦想的人，必须培养自己的"野心"。大多数成功的商人都是由于富有"野心"，敢闯敢干，最终才攀上事业巅峰的。年年岁岁花相似，折腾方法各不同。但有一点是相同的，就是你的折腾一定要有目标。成功的道路是由目标铺成的。没有目标的人是在为有目标的人完成目标的。

大折腾的人赚大钱，小折腾的人赚小钱，不折腾的人不赚钱。你是哪类人？没有目标，欲说还休，欲说还休，却道赚钱真忧愁！要赚钱，你必须有赚钱的"野心"。"野心"是什么？"野心"就是目标，就是理想、梦想和企图，就是你不断折腾的动力！

试看天下财富英雄，都是"野心家"，比如洛克菲勒、比尔·盖茨、孙正义等。没有财富"野心"，就没有财富。正所谓万事开头难，敢折腾什么不可能都能成为可能。创富是从制定目标开始的，扩张的事业是由强大的"野心"发家的。天下没有不赚钱的行业，没有不赚钱的方法，只有不赚钱的人。要赚钱，你一定要有目标，一定要有"野心"，这是折腾成功的最佳途径。

法国有一位年轻人很穷、很苦。后来，他以推销装饰肖像画起家，在不到十年的时间里，迅速跻身法国 50 大富翁之列，成为一位年轻的媒体大亨。不幸，他因患上前列腺癌，1998 年在医院去世。他去世后，法国的一份报纸，刊登了他的一份遗嘱。在这份遗嘱里，他说：我曾经是一位穷人。在以一个成功者的身份，跨入天堂的门槛之前，我把自己成为成功者的秘诀留下。谁若能通过回答"穷人最缺少的是什么"，而猜中我成为成功者的秘诀。他将能得到我的祝贺。我留在银行私人保险箱内的 100 万法郎，将作为睿智地揭开贫穷之谜的人的奖金。也是我在天堂，给予他的欢呼与掌声。

遗嘱刊出之后，有 48561 个人寄来了自己的答案。这些答案五花八门，应有尽有。绝大部分人认为，穷人最缺少的当然是金钱了。有了钱，就不会再是穷人了。另有一部分认为，穷人之所以穷，最缺少的是机会。穷人之穷，是穷在背时上面。又有一部分认为，穷人最缺少的是技能。一无所长，所以才穷。有一技之长，才能迅速致富。在这位富翁逝世周年纪念日。他的律师和代理人，在公正部门的监督下，打开了银行内的私人保险箱。公开了他致富的秘诀。在所有的答案中，只有一位年仅 9 岁的女孩答对了。

为什么只有这位 9 岁的女孩想到穷人最缺少的是野心？她在接受 100 万法郎的颁奖之日，她说："每次，我姐姐把她 11 岁的男朋友带回家时，总是警告我说不要有野心！不要有野心！于是我想，或许野心可以让人得到自己想得到的东西。"

谜底揭开之后，震动法国，并波及英美。一些新贵、富翁在就此话题谈论时，均毫不掩饰地承认：野心是所有奇迹的萌发点。

《悉尼晨锋报》再经过调查后指出，在大洋洲只有一半的千万富翁上过大学。四成九受访的千万富翁当年高中毕业时，选择当学徒或是在职训练。超过八成四受访者同意"野心"是想要成为成功者的最重要也是最基本条件，其次才是训练和才能。由此看来，"野心"是成就自己辉煌的必备良药，"野心"是自我强大发展的可靠动力。人们常说心有多大，舞台就有多大，如果我们能够正确的利用自己的"野心"，敢于向命运挑战，做一个敢折腾、会折腾的人，那么种种机遇就会张开翅膀迎面而来。

杨小华是一名售楼部员工，惨淡的业绩让他的生活入不敷出，使他萌发出赚钱的"野心"，于是他辞职做了一名购房参谋。正逢黄金周期间楼市最火爆的时候，杨小华点点积蓄，狠狠心花500元买了一部二手手机，再花200元印制了20盒名片，又向工程队请了一周的假，开始探点儿。报纸广告说哪家楼盘开盘了，交楼了，不管多远，他一大早就出发，踩着一辆自行车穿梭于各大楼盘的售楼处，一天顾不上吃顾不上喝，守在新楼盘外围，给客户推销看房服务，派发名片。

通过和购房者聊天，杨小华发现购房人有严重的盲从心理。他们往往无法获得购房决策所必需的完整信息，而盲从于开发商的宣传，盲从于邻居、亲友。商品房从规划征地到销售成功，涉及100多个质量验收标准和300多个法律法规，作为购房人根本就不可能完全了解，仅仅是作"一手交钱，一手交货"的一锤子买卖，吃亏的还是购房者。留意各类媒体，杨小华还发现在全国各地消费者投诉中，商品房投诉量名列前几位，居高不下，都是因为建筑行业太专业，而地产市场还不规范……杨小华敏锐地觉察到这里就存在商机，有更大的发展空间！

"野心"是真正的无价之宝，杨小华决心机智地打开市场。东莞某大型楼盘第四期地产项目动土不久，杨小华以购房者的名义深入施工工地，察看施工质量，从基础槽开挖，到项目封顶，每一道工序都没有落下。

2000年9月，该地产项目公开发售，趁着看房的机会，杨小华对身边几位准业主说："我建议你们别买甲号楼，虽然甲号楼户型、朝向和景观都不错，但经过一个雨季，墙垛就会有裂缝。"这几位准业主都不信，笑笑哄哄的：哪有替楼盘算命的？杨小华递张名片上去，准业主们都不肯接。杨小华不气不恼："要相信科学。如果明年春季房子果真如我所言，5 月 1 日，我们还在老地方见。"

业主们这才服了，趁着还没收楼的关键时刻，都纷纷请杨小华去看房，杨小华说："可以，不过每套住房要收取 2000 元看房咨询费！"贵是贵点儿，可是对于几十万的一套住房，值得！花点儿小钱可能就一劳永逸，业主当然愿意。

2001 年 5 月，杨小华在这个楼盘一连看了 50 多套住房，都看出了问题。问题较严重的，他劝业主退房；存在问题但不影响使用的，杨小华便提供解决方案。由于杨小华的介入，引起数十户业主退房，同时也导致了这家开发商的高层"大换血"，这在当时东莞的房地产界引起了不小的轰动。

这次杨小华赚了 10 万元，名声大噪，同时也使"看房参谋"成为街头的热门话题，市民渐渐接受了"购房一定要请专家把关"的观点。

业务开始应接不暇，杨小华成了"看房参谋"的代名词。不满足"散兵游勇"，他找到当时服务过的工程队，请施工人员和技术骨干兼职。凡是兼职的员工，通过业务的多少提取报酬，以壮大这支"看房参谋"队伍。到了 2002 年 5 月，杨小华手下的"看房参谋"已经有了 50 人之多，其中有高级工程师职称的 3 人，中级职称的 31 人。

"看房参谋"替人看房，又替人免费谈判，让购房人省心不少，增加了看房附加值，老客户带来了许多新客户，如今杨小华在当地已经赫赫有名，顺利赚到第一桶金，引导事业朝更大的空间发展。

　　杨小华机智过人，有强烈的创富"野心"，同时还能敏锐地发现商机，勇敢地付诸行动，可见，"野心"是催生他一系列行动的源动力。没有"野心"，只会埋没于平庸；没有"野心"，更不会折腾出一番惊天动地的购房参谋团来了。

　　凯文麦当劳是澳洲商会主席，他通过总结很多案例表示："我认为这些澳洲富人给予时下刚毕业年轻人传递一个相当重要的讯息，决心是必备的成功因素，并由决心不断地学习以及对现有工作保持热诚。"放眼望去，我们周围很多人不缺技术，不缺机会，但就是没有让自己富裕起来。其实他们只要心怀小小的"野心"，勇敢地去折腾一番，说不定明天就是艳阳天！

财富悟语

　　如果你暂时没有成功，也没有赚到你梦想的财富额，也没有地位，这些都无关紧要，只要你有"野心"，有把"野心"贯彻到底的智慧和毅力，那么你站在金字塔的塔顶将指日可待。成功者和普通人最大的区别，就是先有一颗野心，再去折腾一番事业，同是折腾，所达到的效果是有很大差别的。

少说废话，看我的行动吧

　　让我们别再沉迷于幻想当中，而是马上行动，现在就去做，尽管不一定成功，但不做注定就要失败。成功只属于热爱行动的人，行动是我们所有快乐的泉源。折腾在于思想，更在于行动。没有行动，想得再好也是瞎掰。当我们不断地完成我们所需要做的事情的时候，你就会感觉人生真是棒极了。当我们非常迅速而有效率地完成每一件事的时候，也会因为我们的行动带来了巨大的成功，想要折腾得好，就马上行动吧。

会折腾的人想好了就立马行动，他们看重行动赛过自己很多还未落实的梦想，会折腾，就要靠自己的果敢和理智去行动。只有行动，才会闯出一条光明大道来。

行动就是刻不容缓，决定的事情就立刻行动，并且相信自己能坚持到底。在会折腾的人眼中，一切解释开脱都是多余的。在这个世界上，好思想很重要，但是好行动更重要，正是因为很多人只给自己想象的空间不给自己行动的勇气，才造成很多事情只能存留在他们自己的脑袋里面而终生不能成为现实。好的想法因为没有行动而变成了梦想，而最终又消极地成了一个不能成为现实的梦

当人们有坚定的信心，用无限的精力来采取大量的行动，他就踏上了通往成功的道路。只有我们不断地告诉自己马上行动，相信自己有完成任何事情的能力，他们就会把想到的事情马上去做。

张志强、苏应兰夫妇在下岗的逆境中坚守靠双手赢取幸福的信念，坚持服务社会，最终他们用行动获得了很多无私的帮助。有很多人支持他们创业、赢得财富，走向了富裕。

20 世纪 90 年代初，张志强、苏应兰夫妻俩供职的单位经济效益不

好，他们打算做点什么贴补家用。由于手头没钱，就想到了低成本的只要一两百块本钱的"炒豆沙"生意。

由于从没有做过这一行，他们就买汉口一个食品厂的豆沙包来尝，并请教面点师傅，然后每天不停地琢磨怎样"炒豆沙"，他们已经用了10多公斤豆子了，终于摸索出了适合大众口味的食品。

这个工作很辛苦，全是手工劳动。每天凌晨3点，张志强夫妇便起床做豆沙。天亮后，张志强还要在厂里工作。做了一年以后，"炒豆沙"不能做了，生活还得继续过下去。在以后的4年里，张志强夫妇就卖冰棍，送啤酒、汽水、牛奶，靠一点体力活维持生计。

生活越变越好，当时张志强和妻子开了家小食品店。一次偶然的机会，张志强中学时的朋友想入伙，不承想那个朋友将张志强几年的积蓄挥霍得干干净净，这给张志强极大的打击。

张志强慢慢地从阴影中走出来，又开始苦心经营小店卖牛奶。店里没有员工送货，他就起早去送货。订户住在很远的地方，路程有一个多小时。冬天送货回来，他的手和耳朵全都被冻出了一道道口子，血从伤口中渗出。武汉的夏日酷暑难耐，外面即使是40℃的高温，张志强还得往外面跑。天气越热他越高兴，这样才能挣到钱啊，脸上经常被晒出水泡。严冬酷暑饱尝艰辛，张志强深切地了解到了"血汗钱"这三个字的意义。

夫妇俩苦心经营，有了一点积蓄。1999年年底，张志强经朋友介绍接手了一家食品厂，生产面包、蛋糕等食品。经过努力，食品厂有了固定销路。

2003年七八月份，张志强经过投标在武汉某大学开了一家100多平方米的超市。中标的那天，苏应兰兴奋得一夜没合眼，他们没有什么背景，就是标书写得好。

张志强的标书是这样写的："我是一个下岗工人，没有多强的经济实力，如今我同妻子办了一个小食品厂，厂里也都是再就业的下岗工人。我并不想在学校赚多少钱，只想安排更多的下岗工人工作，为老师和同学更好地服务。"投标书写得很淳朴，却打动了该大学后勤集团的工作人员，张志强得到了这个难得的机会。

张志强取得了事业的成功，他对亲朋好友说："创业过程中，说再多的话光说不练也不行，关键在于行动，哪怕走再多弯路，财富还是会回归到我们身边！"

张志强夫妇没有过高的学历背景，也没有太广的人脉资源，他们的创业折腾完全是凭着自己的一腔热情和勤劳苦干。生活中，会吹牛皮的人不在少数，聪明的人也大有人在，但像这对夫妇那样，百折不挠地干事业，在波折中顽强坚持下来的真正是商界的英雄。他们靠着平凡的劳动，创造着属于他们自己的宝贵财富。

没有什么比实际去行动更重要，行动更有助于折腾成功。对许多人而言，这句话有着千钧分量；对许多生意场上取得成功的人而言，行动意味着什么意义，他们当然知道。他们知道行动就是金钱，行动就是实现梦想的最好途径。

这个社会上的大多数成功者，他们非常平凡，很多都是处于社会中底层的人们，他们之所以成功，是因为他们自觉不自觉地进行着一项最有效的活动——执行。他们有一个最大的特点："无知者无畏"——只要他们在不断地努力地干，他们就成功！

那些成天将意志、信念挂在嘴边的人，往往只会纸上谈兵，他们不敢面对现实的残酷，他们在逆境中退缩，他们谨小慎微而犹疑不定。毫无疑问，这样的人，永远不会取得成功——他们连成功执行最基本的健康心态都不具备！

会折腾首先要敢于行动，看看那些提篮挎包当街叫卖的小摊小贩们，我们认为他们就是优秀的行动者；看看街边餐馆小店忙里忙外吆喝张罗的小老板们，他们也是优秀的行动者；看看那些装修公司的小老板、项目经理们，他们每天跑十多个工地，每天与十多个客户洽谈，还要去分散在各处的装饰市场购买材料，他们是什么样的人？成功都是源自优秀的行动力。

财富悟语

> 是的，那些最终折腾成功的人是想方设法完成任务的人，是少说废话只看重行动力的人，是不达到目的誓不罢休的人。想要折腾成功，首先是一个"为了一个简单而坚定的想法，不断地重复，最终使之成为现实"的人，这就是一个通过努力折腾达成财富目标的榜样，最不为人知却最重要的技能。

见缝插针找商机，到哪儿都有钞票赚

折腾不是瞎折腾，而是要善于分析，用敏锐的直觉洞察身边的无数商机。你所擅长的，正是你所容易收获的。发家致富首先要定位自己和市场，敏锐地发现市场上我们可做什么，什么东西可以赢利等。根据我们自己的特点选择创富道路，即见缝插针找商机，加上勤奋、专著等优秀品质，那么，我们到哪儿都会有钞票赚。

会折腾的人眼睛一定要管用，他们在这个大多数人抱怨钱不好赚的世界里却享受着人间到处是黄金的欣喜。在他们眼中机遇很重要，但主动走出门去撞见机遇更重要。不管什么时候，他们都注意可以赚钱的方法，留意细枝末节处的变化，并从中不断地分析学习，最终找到一条属于自己的发家之路。

机遇是什么，机遇是给那些渴望成功的人的一剂良方。想要抓住机会，我们这些敢于折腾的人应该做什么？就是要提前做好预测，等到机遇来临，毫不犹豫地去抓住它，努力地把握住它，只有这样才不会让商机从身边白白溜走，而自己也不会永远只是守着那空空如也的钱包口袋。机遇，是让我们改变命运的契机。

莫干山是自行车爱好者常来的地方。但最近，人们惊异地发现：酷似美国伞兵专用的"悍马"折叠自行车频频出现在莫干山脚下，车手们一个个显得十分拉风。"悍马"自行车怎么会漂洋过海来到莫干山呢？原来，这些 DIY 组装的个性化山地车，全部出自追踪者户外俱乐部两位小伙子之手，他们就是贾海龙、贾秋晨。

贾氏兄弟都在附近的莫干山镇劳岭村长大，少年时代，他们就有过将普通自行车进行改装的经历。2009 年，贾海龙从省建筑工程学院毕业回到德清，成了某建设公司的一名员工，但创业的想法一直萦绕在他心头。在和贾秋晨商量后，兄弟俩一致认为：莫干山是户外运动爱好者的天堂，德清近年来的自行车运动又发展迅猛，在莫干山脚下开一家户外用品商店，主营山地车DIY组装、山地车零配件销售、山地车专业保养，一定能够得到车友们的欢迎。

这个商机可谓是见缝插针找到的。为了开好这家店，两人考察了很多地方，还专程赶到上海观摩了2011上海国际自行车展。"为的就是物色供应商，找到物美价廉的货源，那样我们组装的车子以及零配件才有市场竞争力。"也就是在这次展会上，他们与自行车前叉品牌RST建立了供货关系。货源解决了，技术怎么办？两人又"闭关"研究了整整两周，从自编轮组到变速系统的安装、调试等，所有的知识，他们全靠在网上边搜索、边实践。

第二年4月，追踪者户外俱乐部实体店在莫干山镇黄郭东路开张了。5月份，他们还开了网店。"第一个月实体店里没什么生意，网店也就卖出了一些小配件。真正的转折是有一个买家一下子向我们买了20多个车坐垫，原来那位买家也是做自行车DIY的，因为我们的进货渠道好、价格便宜，他才一下子买了20多个。因为这笔生意，我们网店的信誉度一下子就上去了，买配件的人也越来越多，而且还带动了整车销售。"贾海龙说。

到年底，他们已在网上销售DIY整车28辆，算上实体店的销量，总共已经售出整车40多辆，网店的卖家累计信用已达921。"现在网店的信誉度是两颗钻，预计这个月就可以冲到三颗钻了。"在他们的一份订货单上显示，一位云南昆明的买家一人就订购了两辆折叠车。"前几天一家房产公司订了8辆车，我们整整忙了两天才组装完毕，晚上一直忙到午夜，不过心里觉得挺高兴的。"两位创业者笑着说道。

几个月的生意做下来，贾海龙、贾秋晨也有了一番自己的感悟。"首先就是要诚信经营，我们卖出去的每一辆车，所有配置全都标注得清清楚楚，不虚标、不欺客。其次就是热情待客，有的顾客上门来什么东西也没买，光是请教技术问题，我们一样笑脸相迎、耐心解答。有一次，一位顾客从别处买了一把前叉，跑来我们这里问怎么安装，我们照样如实相告。所以许多车友经过这里，都喜欢停留一会。"

对于店铺未来的发展，贾海龙、贾秋晨已经有了明确的规划："莫干山镇的这个点，明年就做整车销售、零配件销售和租赁，方便车友在这里进行维修、调试；我们还要在邻市开一家门店，为车友们提供更多价廉而富有个性的 DIY 自行车。"

人们常说成功一定要看天时地利，其实，只要我们善于观察和思考，就可以见缝插针般地找到属于我们自己的商机，致富的机会就会如约而至。不要说命运在捉弄我们，不眷顾我们，看看这俩兄弟的致富经过就知道了，创富的机会不会自动从天而降，而要靠我们敏锐的眼光去发掘，去开拓，才会有真正富裕的一天。

敢于折腾，就要练就抓住商机的新视角，把握最新理念勇敢地去折腾。一个会折腾的人，一定是头脑里有创富思维，结合现实里每一份细微的观察和思考，紧紧地把握住了发展的契机，既给社会大众带来实惠，也为自己的折腾成功打下了坚实的基础。

最后用一句名言与朋友们共勉："一分耕耘，一分收获！"

财富悟语

　　心怀一颗创富的心，同时还要有敏锐发现商机的眼光。想要折腾一番的人就要紧紧抓住这一"能够赚大钱的机会或有价值的赚钱商机"，并迅速制订出切实可行的具体运作方案，积极行动起来，全力打拼，注意细节，确保投资经营成功，你才会有一番作为。

抓住机会不仅要长前眼，还要长"钱"眼

　　抓住机会才能创造财富，机会对每个遇见它的人都是平等的，遇见它的人会有怎么样的收获全靠他们自己的表现。抓住机会需要人们未雨绸缪，提前长前眼，还需要人们能够及时地预见发掘财富的契机。"成功钟爱那些有头脑的人"，头脑就是希望，头脑就是动力，用智慧的头脑鞭策出力量，就可以在事业的征途中折腾出成功。

　　人不能改变环境，但可以改变思路；人不能改变别人，但可以改变自己，多一个思路，就多一条出路；观念决定前途。财富就在眼前，遍地都是，关键看你有没有长"钱"眼，能不能有抓住它的思路，人仅有一双朝前看的前眼肯定是不行的，正所谓思路决定出路，而思路就是成功折腾者最具杀伤力的"钱"眼，它是不但能够帮我们抓住更多的钱，

也能帮我们抓住更多的机会，不断地使我们向着一个个看似不可能实现的目标勇敢迈进。

巴斯德曾说：机遇只偏爱那些有准备的头脑。所以要想有所发展，得到机会，就需要积极关注外界事物，要主动积极地去工作。当我们错过机会的时候，我们不应该后悔，埋怨为什么自己没有能抓住机会，而是应该立刻行动起来。这样才不会错过下一个机会。否则，就像泰戈尔的名言一样：当你为错过太阳而流泪时，你也将错过群星了。

王玉锁被誉为是国内的燃气大王，在 20 世纪 80 年代末他就开始离家做各种各样的小生意，但一直没有赚到钱。有一次在河北他结识了一位能弄到燃气的朋友，他觉得是个大机会，还没等对方弄到气，他就骑着借来的自行车，先把设备拉回老家，往自家的小铺一放，贴了个告示：就这个东西，谁想买，先交 12 罐气的钱，10 块钱一罐，是 120 块。

据王玉锁后来回忆："我这个东西一罐是 120 块，加上气一次共交 240 块，我记得很清楚，事实上我这个气是一次交一次钱，这样我不就多一些资金了吗？另外，再加上利润呢，那时一套可以赚 40 多块钱。"做烧饭的燃气，那时候即使对于许多北京人来说也是有门路的象征，更何况是在河北廊坊做这个生意。

他的告示一贴出来，顾客就蜂拥而至，当时就登记了七八套，几天时间里就卖出去 40 多套，净赚 1000 多块。在以后，王玉锁就跑任丘，看准燃气不断做大，终于修成正果，成了中国赫赫有名的"燃气大王"和大富豪。

王玉锁掘出第一桶金的过程很简单，但他的做法却是大胆而有谋略的，他长了前眼瞅准了燃气的机会，更看到了其"钱途"。他抓住了当时燃气供应紧缺的机会，以打广告让人预定的方式提前收回了资金，为自己赚回了启动资金，也使供货方更容易信任他。这一做法在20世纪商业并不发达的80年代十分可贵。

提前预测会让你轻松赚取财富。在当今这样一个投资、投机成风的时代，怀揣创富梦想的人们怎样去折腾？怎样寻找市场机会？需要我们既要有预见性，又还要有"生财"的眼光和胆魄。我们不能过分追求短期效益，只要认真研究市场需求，会折腾会判断，你就会闯出自己的生财之路。

真正能折腾出大事业的人不仅需要勇气，更重要的是需要一种与众不同的思路，不仅要有预见性，还能计算出它的"钱途"。成功的人善于想人之未想，做人之所未做，在人们的眼力之外另外寻找一条有"钱途"的道路。

财富悟语

许多成功的实例验证了一个不争的事实，擦亮自己的前眼，看准"钱眼"，以恰当的方式抓住机会，并灵活地加以应用，就会通过折腾赚到自己的第一桶金。如果你也是个有心人，通过模式的"套用"也可以抓住机会。关键就在于提前思维，以超前的眼光看准了"钱路"，你就会成功。

心里算盘珠子一动，商机就如约而至

一个会折腾的人，往往具有在纷繁杂乱的商界抓住商机的机敏头脑；一个会折腾的人，往往要有穿过前方布满迷雾而看到别人没有看到的远景的锐利目光；一个会折腾的人，往往具有能在看似贫瘠的土地上掘出财富的本领；一个会折腾的人，往往具有商机到来能迅速算出利润和成本的生意人。

会折腾的人不但要会折腾，还要会计算，每一步在心里的算盘早就给自己定下了一笔明账，只有将自己的每一步都规划好，将得到机遇的可能性不断扩展，计算到最大化可谓早已深谋远虑。正因为准备充分，所以步调才会有条不紊，而事情也就如他们想象的那样朝着他们预定的轨迹和方向前进和发展了。

李梅很幸运，实现了自己的梦想，拥有了一个干洗的全新创业空间。

李梅本来和你我一样，作息时间差不多，就连形象也是一样，提着早点赶地铁，下班蜂拥进入公交，她以为自己的生命会因此定型。一个偶然的机会，她发现一家干洗店挂满了衣物。而在外行眼里，干洗店与白领之间缺乏交集。一个明显的事实是：白领往往作为被服务者，而干洗店恰恰提供服务和技术。李梅的母亲是个爱美的女性，对时尚、对着装有着出乎意料的讲究。而这恰恰给她造成了一部分影响。无心插柳柳成荫。无聊的上班生活总是让她消沉，如火如荼的创业信息将她的创业潜质给充分点燃。接触干洗，源自一个缘分，家乡的婶娘在寻找投资项目时委托她帮忙查询，为了对婶娘负责，她上网查，电话谈，总部考察，忙得不亦乐乎。由于婶娘是下岗职工，单位不管了，只有投身创业大军，早年在纺织厂工作的经历让她对洗衣产生了兴趣。

开店时，正值炎炎夏日，李梅帮助门店制定了"炎炎夏日，洗从天降"的促销活动，并设计了海报、促销单片等宣传工具，并进行了有力的促销。开店后，促销的效果很明显，服务时，机器设备的良好素质就充分体现出来，顾客都很喜欢来她这儿照顾生意。

看到散客很多，李梅心里算盘珠子一动，又想到了会员制度。会员卡的销售，让小店迅速回笼资金，投入的资金很快就收回，让婶娘不禁乐呵呵的，迅速走出了下岗的愁苦情绪。婶娘充分利用以前小姐妹的优势，不断地开拓新的大客户业务，现在正在谋划第2家门店的开业。婶娘的成功大大刺激了李梅，在大都市朝九晚五的生活，正如鸡肋，何不想个出路。李梅和老公一商量，也开了一家干洗店，请两个员工，边上班边创业，其乐无穷。

于是她专门去学习了丰富的干洗技术，而且还学会了一套管理经验。一个不会创业的白领更深层次地认识了这个社会、人生商业竞争的本质。

就这样一家干洗店开张了，暂时告别了朝九晚五的生活，李梅全身心投入自己的事业中，凭着勤劳和智慧，她的干洗店客户接连不断，相应的财源滚滚而来。

如果说婶婶的开店经历是投石问路的话，那么李梅自己的开店也有充分的智慧成分，干洗店的形势需要、丰厚的利润、自由的工作时间等无一不是一个想要折腾的人找到的最佳的致富道路。对行业的正确判断和对未来的有效估计，无疑是创富者内心首先要考虑的因素，内心算盘一打，商机的灵感就迸发出来。

其实，每个人心里都有一副如意算盘，就看你打得好不好了。人往高处走，水往低处流。而你的存在，似乎与你有关的那环节怎么打。有人算盘里有潜在机会，有的人算盘里有眼前小利。至于怎么权衡，就看我们自己了。

会计算还表现在折腾的时候能够及时转换思路，适应形势的发展。有很多人在做事情的时候，坚信自己的主意是正确的，执着地坚持一路走下去，那种执着的坚持不懈的精神本是值得赞许的。可是，如果在事情毫无好转迹象的情况下，一味地执着就会变为固执，最终只能将自己带入死胡同。所以，这个时候就需要换一种思路，看看有没有其他路可以达到目标。心里算盘一打就会转换思路，人就不会错失很多到手的机会，就不会一味地悔恨。

财富悟语

想要折腾出大事业，就不能跟在别人的后面，盲目地随波逐流。会折腾的人，总是做事业里的开路先锋，做新领域的排头兵，他们会想方设法地开拓新的疆土，从而为自己打出一片属于自己的天地。心里算盘珠子一动，新的财富商机就应运而来。

会借力能让你折腾得更好

　　创造财富要靠勤劳和智慧，切不可钻营投机，否则只能是搬石头砸自己的脚。如果你一穷二白还想发财，那就要找到快捷通道——积极借力。综观商业发展史，许多商贾巨富，开始的时候都是"空军"。这些身无分文的人，到底是怎样发起来的？他们都是会折腾、会借力的典范。

　　提起"借力"，有人马上就想到丢面子，还想到骗、诈，把它看成毒蛇猛兽而群起攻之。想折腾的人能靠借力成功吗？当然能。想要创富的人完全是可以在不违法的情况下靠借力实现自己的梦想。

　　做生意是这样的，大家都要有利。你想赚，别人也想赚，但你把别人的利润全搞掉了，谁都不愿跟你合作。朋友也是这样，第一次吃了亏，可以让你一次；第二次可以，第三次别人就不会再理你了。借力要讲究诚信。

　　借力要讲利益平衡原则。就好比现在的银行都是商业性银行，都是为赚钱，都是在做生意，只不过银行是做钱赚钱的生意。只要有利可图，并且有安全感，他能不借你吗？你借得越多，他就赚得越多，他就越高兴。你有信誉，他也能赚到钱，他还会找你来借他的钱。

　　下面来看看，高手们是怎样借力发财的。

　　在中国航运史上，有两位"船王"都是靠"借钱买船"发家的。一个是香港船王包玉刚。他开始创业的时候，就是向朋友借的钱。他借钱先买了一条破船,然后,用这条船去银行抵押贷款,贷来了款,再买第二条船。然后,再用第二条船作抵押,去买第三条船。他就是采取这种"抵押贷款"的办法,滚动发展起来的。

有一次,他竟两手空空,让著名的汇丰银行为他买来了一艘崭新的轮船。他是怎样操作的呢?他跑到银行,找到信贷部主任说:"主任,我在日本订购了一艘新船,价格是 100 万,同时,我又在日本的一家货运公司签订了一份租船协议,每年租金是 75 万,我想请贵行支持一下,能不能给我贷款?"

信贷部主任说:"你这个点子不错,但你要有担保。"他说:"可以,我用信用状担保。"什么是信用状?就是"货运公司"从他银行开出的信用证明。很快,包玉刚到日本拿来了信用状,银行就同意了给他贷款。可见,他的船都没有造,银行就把钱就给他了。我们会问:为什么银行会给他贷款?高明的人为我们分析了一下:

假如银行给他 100 万造这条船,每年就有 75 万的租金,不需 2 年,他就可以还清 100 万的贷款。银行肯定担心,怕他有钱不还,或有情况还不了钱。这没关系,因为银行这里有货运公司的"信用状"担保,这家公司很守信用,如他不给钱,银行可以找这家货运公司,安全不成问题。所以,银行就敢贷给他。这里就有他的信用。如果你借了,又还了,今后别人才敢跟你打交道。

再者,包玉刚赚到一笔钱,不是像有些小财主那样存起来,这样发展太慢,而是拿它继续扩大规模。有规模才有效益,这样才能做大做强。他就是用这种"滚动式"的"抵押贷款"经营法,在大洋里越滚越大,成为世界航运之首。

　　包玉刚琢磨透了银行信贷及自己生意的周转模式，巧妙地利用现成的资源创造了自己的财富，让人不得不敬佩他的智慧和胆略。玩空手道的人首先要自己有清晰的认识，不能盲目去硬闯硬碰，创造财富要建立在对行业熟悉、对未来有准确的判断的基础上，不然，拿不住的我们不要去学。

　　在"2009中国大学生创业富豪榜"上，西南林学院毕业生贺靖以30万资产挤进全国百强。夹着公文包，走起路来风风火火的贺靖，从卖5个U盘开始，把公司一步步带成"云南校园第一品牌"。

　　2008年3月，西南林学院首届大学生创业大赛，让贺靖真正开始了创业之路。有了学生会平台的锻炼，贺靖联合了平时一起做事的几个兄弟开始写创业计划书，内容就是如何利用大学平台进行创业。"在写完之后，大家都激动得睡不着觉。"第二天，拿着计划书，贺靖开始找商家"借钱"。贺靖坦言，"没有营销策略，没有运作方式，现在看来，当时的计划书很幼稚"。但策划出来后，还是得到校方老师的支持。

　　"只要你们能够给我们货，我保证给你们卖得很好，我有至少10种途径帮您卖出去。"那时候，贺靖天天拿着计划书游走于各类商家之间，给他们描绘合作远景。终于，有一个商家被贺靖的诚心感动了，给了他5个U盘。为了卖出这5个U盘，贺靖和几位同学摆起了地摊。"拿货的售价是50元，市场价是90元。"贺靖清楚地记得，当时他们订这5个U盘的"销售售价"是70元。

　　比市场上便宜，加上同学之间的信任，U盘很快脱手。带着赚到的100元钱，贺靖铺了更多的货，开始给自己班上、学院的同学宣传，更低的售价让学生们纷纷选择从他那里买货，甚至有的班级开始团购产品。一个月后，整个数码城的人几乎都知道了贺靖这个名字，更多的商家开始给他铺货，他也赚到了"职业生涯"的第一桶金。

对于创业者来说，没有资金并不可怕，没有经验不可怕，只要处处专心，事事留意，虚心学习，敢于拼搏，或许三五年，或许三五万，万事虽难终有出发点，亿万家财虽多终有开端，只要坚定不移地走下往，定会有成功的一天。

对于青年创业者而言，其阅历、经历及对潜规则的理解和应用，都还处于相对欠缺的地步，为此，寻找相应的创业伙伴和合作伙伴，弥补自己的欠缺和不足，是一条明智之路。

图书馆在报上登了一个广告：从即日开始，每个市民可以免费从大英图书馆借 10 本书。

结果，许多市民蜂拥而至，没几天，就把图书馆的书借光了。书借出去了，怎么还呢？大家给我还到新馆来。就这样，图书馆借用市民的力量搬了一次家。

生活中我们借力达成目标，做生意也可以借钱完成财富积累。做生意没有钱，怎么办？没有关系，你可以向亲朋好友借，你可以向银行、老板借。没有技术，没有人才，没有经验，怎么办？没有关系，你可以向科研机构、大专院校借，你可以借别人的脑袋和智慧来为我所用，你可以跟他们搞联盟、搞合作，充分应用各种策略实现自己的愿望。

财 富 悟 语

借力是达成我们成功的捷径，会折腾就要懂得借力。我们开始创业，名不见经传，没有名气怎么办？没关系，你可以借品牌之名、借名人之气，扬自己之美名。我们还可以借劳力、借地盘、借设备、借名气等为我所用。总之，一个借字，天地广阔，大有作为。

第 3 章

朋友多了路好走

——钱是物人是路，铺开了路差不了物

折腾不是闹着玩的，如果你想在人生和事业上折腾出点成就，就要主动出击，积累我们生命中的一个个伯乐。把你的人缘做足，将彻底扭转你的人生局面，只要掌握了好方法，伯乐就会主动来找你。

有了好人缘，就找到了财路

　　会折腾的人懂得经营自己的好人缘。在现实生活中，运气最好的人并不一定就是工作中最拼命的人，最成功的推销员并不一定是最有见识的人，最讨人喜爱的姑娘也不一定就是最漂亮的人。但是，所有的富人都具有一个同样的特性——他们都知道如何有效地同别人交往。有些富人是通过个人的直觉而拥有这种宝贵经验的，但绝大多数富人则是通过后天的学习获得这种能力，要想折腾得好，当然要先搞定好人缘。

　　成功不是一个人单打独斗就可以完成的。一个人不管有多聪明，多能干，先天条件有多好，如果不懂得如何与人交往，不懂得与他人建立良性的人际互动，那么他最终的结局往往是失败，他的折腾之路也必定不会顺畅。

　　常言道，"一个好汉三个帮，一个篱笆三个桩"，"一人成木，二人成树，三人成林"，想要折腾成功，就要懂得建立人际网络，便可以获得别人的扶持，获得多方援助，从而让你比别人更快速地获取有用的信息，进而转换成有利的机会，或者财富；而在危急或关键时刻，你那丰富的人际资源也往往可以发挥转危为安的作用。很多人没有折腾成功，是因为他们在事业发展过程中常常遭遇挫折，主要是由于他们不能有效地同其他人进行交往，从而丧失了转变的契机。

好人缘是个人折腾的资本，我们的人际网络越宽，赚钱的门路也就越多。会折腾的人首先要重视经营自己的人际网络。在编织人际网络时，也要注意结交对自己成就事业有用的人。当然，编织人际网络，还需要提高自己的社会活动能力，以便建立更广泛的关系网络，自己的折腾之路也会越走越顺。

纵观那些成功、事业有成之人，大多是朋友遍天下。人有智商、情商、财商，它们可以让你挖掘人际潜力、聚拢无穷人气，帮你成就大的事业。一张好的人际关系网，可以让人绝处逢生，人生处处平坦，使我们比别人更容易接近成功，更容易获取财富。相反，处理不好人际关系，即使是有万贯家财，也会因为不善经营，最终日落西山。

善待他人是李嘉诚一贯的处世态度，即使对竞争对手他亦是如此。我们知道，商场充满尔虞我诈、弱肉强食，关于善待他人这点，不少人认为是不可能的事。

过去，香港某报曾刊登李嘉诚专访，主持人问道："俗话说，商场如战场。经历那么多艰难风雨之后，您为什么对朋友甚至商业上的伙伴抱有十分的坦诚和磊落？"

李嘉诚答道："最简单地讲，人要去求生意就比较难，生意跑来找你，你就容易做。""一个人最要紧的是，要有中国人的勤劳、节俭的美德。最要紧的是节省你自己，对人却要慷慨，这是我的想法。""顾信用，够朋友，这么多年来，差不多到今天为止，任何一个国家的人，任何一个不同省份的中国人，跟我做伙伴的，合作之后都能成为好朋友，从来没有一件事闹过不开心，这一点是我引以为荣的事。"

最典型的例子，莫过于老竞争对手怡和。李嘉诚鼎助包玉刚购得九龙仓，又从置地购得港灯，还率领华商众豪"围攻"置地。李嘉诚并没为此而与纽璧坚、凯瑟克结为冤家而不共戴天。每一次"战役"后，他们都握手言和，并联手发展地产项目。

"要照顾对方的利益，这样人家才愿与你合作，并希望下一次合作。"俗话说："在家靠父母，出门靠朋友。"商场上，人缘和朋友显得尤其重要。

会折腾，更要会经营好人际关系，切不可为了一点小利而失去好人缘，这是李嘉诚的故事给我们的启发。在他看来，善待他人、利益均沾是生意场上交朋友的前提，诚实和信誉是交朋友的保证。正如在积累财富上创造了奇迹一样，他的好人缘在险恶的商场创造了奇迹。有人说，李嘉诚生意场上的朋友多如繁星，几乎每一个与他有过一面之交的人，都会成为他的朋友。所以，李嘉诚在生意场上只有对手而没有敌人，这是他折腾成功的秘诀。

好人缘是个人折腾的资本，打造好了人际关系，也就拥有了财富。如何让生意来找你？那就要靠朋友。如何结交朋友？那就要善待他人，充分考虑到照顾对方的利益。生意人要树立对人际关系长期投资的观念。有些短期内看似不重要的人和事，长期看就可能很重要。所以精明的生意人如果能把钱适时地投在人才上面，投在一些比较有能力的朋友身上，回报必定远远超过投入。

好人缘的力量会让你拥有更广阔的发展空间。在我们的生活中，只要有交往，就产生友情；只要称朋友，就意味着人格的平等、情感的亲近、关系的密切。朋友，就意味着友谊、合作、帮助、平等、信任等。它容易使双方产生心理上的认同感，从而为交往与合作创造良好的人际环境。从这个意义上说，确实"朋友是个宝"，多个朋友多条路。

可以这么说，大凡折腾成功的人、能成大事的人，必然是朋友四面环绕，处处都见友情赞助。折腾的路上朋友多，事情当然好办，真正应了"人多好办事"、"众人拾柴火焰高"这两句话。为什么别人折腾得很顺利，得到别人的帮助多？理由无他，只是因为他平常爱交朋友、善于结交朋友罢了！

财富悟语

会折腾的人定是和气和友善的人。和气才能生财，树敌容易化解难，如果一个人能把敌人都转化成朋友，那他的折腾难道还不会成功吗？如果能获取人脉的广泛支持，又何愁事业无成？广交天下友，方可博取人间财富。多个朋友多条路，多个敌人多道墙。因此，想折腾得好就要经营好自己的人际关系。

在熟悉的行业里折腾才会得心应手

黑格尔曾说过"存在的就是合理的"，各行各业能够存在，还能蓬勃发展，必有其合理的一面，也即能满足人们某方面需求的一面。面对林林总总的行业，想要闯出一番事业的人如何选择，将是他们亟待解决的问题。俗话说"男怕入错行，女怕嫁错郎"，在市场经济波谲云诡的今天，慎重选择自己将切入的行业，是对想要创富的人们的重要要求。

成就事业是机遇的把握及市场的创造过程，在熟悉的行业里打拼你更容易成功。时下，折腾事业已成为一个热门话题，在各种聚会场合，人们都在热烈地谈论创业。折腾事业不是跟风，不是认为哪个行业赚钱就盲目进入到里面，折腾是对机会和机遇的捕捉，事业发展的过程是一个动态的过程。再者，成就事业也是一个创造和实现过程，是一个对新兴市场的创造过程。我们要看到，各行各业的都有其生存的空间，发挥自己的优势，将会走得更远。

慎重选择自己从事的行业，如果合适，生意就比较容易起步了。但每个人不一定能正确地看待自己，我们知道，认识自己如同认识敌人一样很难，人常说"自己就是最大的敌人"。我们都有自己的优点和缺点，所以要扬长避短。对自己的优点估计过高，就自命不凡了，这样往往就看不起其他人；对自己的缺点放大了，做什么事情就会没有自信，也就会做什么都抬不起头。这两种人都是没办法折腾好事业的。

长城书店是全美最大的书店之一，它的经营者王老板酷爱读书，更了解图书行业，因此事业是顺风顺水。这家书店坐落在百利大道狮子城广场，是美国休斯敦华人社区中一块响亮的招牌。店内摆满了中、英文书籍，包含文史哲、金融管理、宗教、人物传记、医疗保健、工具类图书及最新音像制品，也有为就读于美国中文学校的学生们提供的课本，还有一些富有中国传统特色的字画、文房四宝和工艺品。

每天，光顾这家书店的顾客络绎不绝。说起书店，许多人联想到的是一种浓郁的文化氛围，但是，对于一个以经营书店为生的老板来讲，恐怕不仅要具有笔墨纸香的儒雅，还要有如何使书店运营并持续壮大的商业头脑。经营书店的王老板，在创业初期就已看到，美国东西两岸的书店不仅数量多，并且已陷入恶性循环的竞争。而作为全美第四大城市的休斯敦，经济和人口都在迅速膨胀，文化生活还是一片空白，这让王老板找到了商机。

所以，王老板在书店开张前两个多月，专门去了一趟休斯敦，对整个图书市场情况进行了调查。他发现华人社区里像样的书店不多，更没有一家以中文图书为主的书店，近十万华人的文化娱乐生活有很大的空间，这让他的心里的目标更加清晰。

经过一段时间紧张的筹备，王老板再返休斯敦。他开始积极地进行创业启动：租店面、订书架、进图书、做广告。书店开张那天，出现了王老板没有预料到的盛况，付款的人在收银机前排起了长队，当天的营业额远远超过了预期，当地华文媒体也进行了大幅报道。一个月后，长城书店获得了经济效益和社会效益的双丰收。

折腾事业的成功，让王老板有了一定的心得体会。对于长城书店，他总结自己成功的原因：美国华人对知识与文化的渴望已有许多年了，一旦有一片绿洲出现时，大家都会蜂拥而上，这是火爆的关键点。而对于自己的成功，他认为涉足熟悉领域和把握最佳时机是两个重要因素。

王老板提起当年开始折腾的时候，最初选择创业方向时，他是经过深思熟虑的。他热爱图书，并且在外文局工作了很多年，几乎每一本关于中国的英文图书都经过他的手，所以，他在图书领域有着丰富的经验。可以说，书籍行业是王老板的老本行。同时，他对书籍的出版、印刷、发行等各个环节也十分精通。

几年的经营发展，王老板不仅使长城书店在休斯敦华人社区享有盛誉，还把它作为一个窗口，结识了很多人，得到很多发展机会。长城书店曾举办过"天津津版图书展"、"三乡风情书画展"、"中国云南重彩画画展"等活动，使书店得到了长足的发展。

折腾事业就是要讲究扬长避短，不熟悉的行业要谨慎进入，不懂的生意也不能盲目去做。从王老板的例子可以看出，选择自己熟悉的行业开始折腾才是取得成功的重要保证。

观察那些已经折腾成功的人的经历，可看出他们的经验在于：紧密结合自身实际，发挥专业特长。人们常说，"隔行如隔山"。折腾事业不能凭一时热情，不能盲目模仿他人的成功经验，应找到属于自己的事业舞台，充分考虑自身实际，紧密地结合自己的专业特长和兴趣爱好，选择自己熟悉的行业范围，找到合适的切入点才会有所成就。

要想让折腾的步子走得稳当，就要积极发挥自己积累的优势，充分利用自己的强项和资源。很多人找不到好工作或者折腾不顺利，就是因为没考虑到性格的因素，比如说一个很外向的性格的人却整天坐办公室研究东西，当然很容易产生烦躁感；一个内向的人却出去跑业务，也是比较吃力的。不同性格的人适合做不同的事情，只有各自发挥性格的优势才会取得成效。比如内向的人就比较适合一些技术性比较强、善于思考的一些行业，而外向性格则要去从事一些公关比较多的行业，充分发挥自己的外向性格在与人交流方面的优势拓展自己的事业。

当人们在折腾事业拼搏遇阻而烦恼的时候，大家不妨静下心来想一想自己的爱好和擅长是什么。或许在你冷静地思考之后，你会更有信心地去面对工作，更有激情地投入工作，最后获得应有的回报和成就感。

财富悟语

"人尽其才，物尽其用"，折腾首先要从自己擅长的领域出发，不能因为看到哪个行业赚钱就一猛子扎进去，否则是很危险的。万事没有绝对，性格是可以改变的，但是性格改变也是需要一定时间的，不如我们就直接用我们这个性格直接去开拓自己的事业。发挥特长，你会更出彩。

伯乐就是财神

折腾不是单打独斗，如果遇到伯乐指点你一下，远胜过你几年的奋斗。生意人不能缺少的是朋友。结交一个朋友就多一条财路，在生意人最困难的时候，往往是朋友帮助了自己；离开了朋友，生意人往往就会陷入无助之中。朋友，是人生中一笔巨大的财富，是关键时刻可以靠一靠的大树。

会折腾的人最重视生命中的伯乐，这足以说明人际关系对一个成功者有多么重要的作用。如果谁能拥有自己强大的关系网络，谁就拥有了世界上最宝贵的资源。一个想通过折腾创富的人，首先要拥有良好的人缘，只要正确发挥，你就会形成更紧密的人际关系，更加有效地与他人进行交往，进一步拓宽自己的事业发展之路。

折腾的道路上，借助伯乐的帮助你会行走得更加顺畅。没有一个人可以独自面对人生，更没有人可以独自取得成功。现实中，我们与人交往是一种生存方式，更是一种生活需要。因此，如何把自己的好人缘做足是一门艺术，也是一门学问，对你的折腾事业更有帮助。很多人之所以一辈子碌碌无为，那是因为他们活了一辈子都没有弄明白如何去与他人打交道，如何获取他人的帮助，为自己的事业和生活获得最大的支持。

生活中我们常听人抱怨说："财神爷来敲门你都懒得去开！"意在指某人抓不住别人带来的机遇，多少有点"恨铁不成钢，恨君不成才"的意味。如果我们能积极参加社交活动，就有机会接触生命中的"伯乐"，个性开朗的你又能获得第一手的信息咨询，从而获得财富的契机，所以说，伯乐带给我们的商机是多么重要啊。

如果你想折腾成功，就必须尽早建立自己的人际资源网。假如你的生活中有达官贵人，也有平民百姓，而且，当你有喜乐尊荣时，有人为你鼓劲助威，鼓掌喝彩；当你有事需要帮忙时，有人为你铺石开路，两肋插刀，你的折腾是可以成功的！可以说人际关系是一笔巨大财富，有了人际关系，就可以在生意场上畅通无阻。

一份调查报告的结论这样写道：一个人赚的钱，12.5％来自知识，87.5％来自关系。这个数据是否令人震惊？但看了下面的例子，或许你会发现，人际竞争力如何在一个生意人的成就里扮演着重要的角色。

亚里士多德·奥纳西斯是著名的希腊船王。他创建了世界上最大的私人商船队，他享有世界上最豪华的私人游艇，他在世界三大洲拥有矿产，他经营着几家造船厂和100多家公司……亚里士多德·奥纳西斯的名字就是希腊船运的代名词，而他的财产究竟有多少，始终都是一个让人们永远猜不出答案的怪谜。

阿根廷对于年轻的奥纳西斯来说，是一个十分陌生的地方。他不但没有文凭，没有职业，没有钱，并且他在这里同样也没有任何的社会关系。

年仅 17 岁的奥纳西斯在 1923 年 9 月 21 日，带着一个旧公文包和 450 美元，踏上了布宜诺斯艾利斯的土地，可是在他的内心蕴涵着一种丰富的矿藏：一种对成功的强烈渴望。他要向他的父亲证明他自己也同样是能够走上成功的人。

尽管奥纳西斯胸怀大志，可是人活在这个世上再怎么也得吃饭，得解决这些基本的生存问题。为此，刚开始的时候，奥纳西斯被迫从事一些比较琐碎的工作，他不仅做过泥瓦匠的助手，在建筑工地搬过砖，并且还在饭店做过洗碗工，后来，又在河床联合电话公司做电工的学徒。这些小事情对于奥纳西斯而言，算不上什么艰辛。

希腊的香烟当时在阿根廷的名声非常好。在大部分内行人的眼中，希腊香烟简直就是全世界最好的。可是，由于进口渠道不畅通，所以希腊香烟在阿根廷也是非常稀少的。

在多数人的需求方面，天才的商人奥纳西斯从中隐隐约约地看到了一个发达的机遇。奥纳西斯写信给他的父亲，要求他能够采取必要的措施把香烟运到阿根廷。奥纳西斯的父亲同意了他的要求，运来了一批样品。刚开始的时候，奥纳西斯把香烟的样品送给不同的生产商，希望他们能够与他联系，但是，结果非常令人失望。在几个星期过去之后，仍然没有任何一个人和他联系。

奥纳西斯用最快的速度建立了一条人际关系。他最初的创业资本来自胆识、勇气和人脉。

奥纳西斯从中认识到，与其把时间消耗在几个小商人身上，还不如大冒险一次去钓一条大鱼呢。他意识到，一定得结识到阿根廷最大的烟草公司主席胡安·高纳。奥纳西斯想到这里，便很快就采取行动了，奥纳西斯连续半个月以来，都在高纳的房子附近观察他的进进出出。最后，这个年轻人的行为引起了高纳的注意和好奇心，高纳于是便邀请他到办公室进行交谈。

这一天终于让奥纳西斯等到了，他终于拥有可以跟高纳进行面对面交谈的机会。奥纳西斯采取了最好的推销方式，列出了自己的计划，而且还给高纳留下了非常深刻的印象。

高纳让奥纳西斯和自己的供应商进行商谈，而奥纳西斯在和供应商经理的交谈过程当中巧妙地提到了高纳的名字，因此说服了这位经理。奥纳西斯的策略让他获得了第一份合同：提供价值1万美元的香烟，他可以从中获得5%的佣金提成。这笔生意就这样顺利地成交了，奥纳西斯得到了属于自己的佣金。要知道，这是在1924年，500美元是很大一笔可观的收入！

一个年轻人差不多就要处于赤贫状态了，凭借着自己的胆略和机智，能够以最快的速度建立起一个人际关系，最后做成了自己一直都想做的事情，将人生当中的第一桶金挖到手了。

好人缘是生意人发展生意的媒介，他人的扶持让奥纳西斯取得了成功。奥纳西斯建立的人际网发挥了巨大的作用，远胜于他自己苦心经营，善于经营好人缘就等于经营好了自己的财富，能有别人的提携，自己成长更快，这无疑是高明的。

在这个信息发达的时代，会折腾更要发掘你的伯乐。社交网络中，拥有无限发达的信息，就拥有无限发展的可能性。信息来自一个人的情报站，换句话说，生意人最重要的情报来源是"人"。对他们来说，"人的情报"无疑比"铅字情报"重要得多。越是一流的经营人才，越重视这种"人的情报"，这种情报也就越能够为自己的发展带来方便。

人际关系是一面镜子，通过镜子不仅可以了解到自己、了解到社会，还可以了解到商机。日常生活里，生意人还可以从周围的人身上学到很多东西，对于如何理性折腾、启发灵感及增长智慧会有很大的帮助。

财富悟语

好人缘决定财脉，折腾不能盲目而行，会折腾的人很在意留住伯乐，有伯乐相助钱财就会滚滚而来，你的事业也会越走越顺；折腾的道路上，人脉会帮你渡过难关，贵人会帮你踏上事业巅峰。建立更好的、更紧密的人脉关系，更加有效地与他人进行交往，你的事业发展之路会更加开阔。

找个投缘人陪你折腾

单打独斗的年代已经过去了，折腾不能一个人蛮干，要结合众人的智慧一起折腾才有成效。精诚合作、互相支持配合、互相补充是那些合作创业成功的人们的重要人格和品质。"选择了正确的团队，就是完成了 80% 的工作。"这是很多成功者的经验之谈。找个投缘人，你的事业将更加开阔。

发牌的是上帝，努力的是自己，前进的路还要靠朋友。这是一个注重合作、优势互补的现代社会，是竞争更是合作的社会。单枪匹马闯天下实在不易。要创业成功，离不开志同道合、互帮互助的合作伙伴。没有他人的及时援助，折腾事业可能就难以成功；如果没有合伙人，则可能也难以找到事业发展的大舞台。几个人在创业的合作中，优势互补，相得益彰，更有利于促进事业的成功。

如果你能在折腾的道路中，找到能够融洽合作的事业伙伴，将会增加你创业成功的砝码。事实上，合伙人之间的融洽合作，可以说是可遇而不可求的。要找到彼此都能自我约束的事业合作伙伴，双方都能为对方、为事业做出某种程度的牺牲。否则，合作就难以进行。这方面的反面例子俯拾即是。一些本来志同道合的朋友，携手创业，往往事业还未有起色，双方就反目为仇、分道扬镳了。可见，折腾中找个投缘人多么重要。

从前，有个商人到外地去买了很多粮食。他赶着一匹马和一头驴子，驮着沉重的谷物往回走。经过一段跋山涉水的艰苦旅行之后，驴子感到自己承受不了谷物的重量，就向马恳求道："马兄，我实在顶不住了，请帮我分担一点儿吧。"

马却想：我凭什么要驮那么多谷物，我还想让你替我驮一点呢！所以就拒绝了驴子的恳求。由于路越来越难走，驴子终因体力不支、精疲力竭，倒地而亡。

商人一看驴子死掉了，就把所有的谷物，包括驴子的皮，都放在马背上。这时，马才幡然悔悟，悲伤地说："我真是自作自受啊！如果当初替驴子分担一点，就不会受这么大的苦了。可现在不但驮上了全部的货物，还多加了一张驴皮。"

只有互助合作，才能生存得更好。寓言中的马就是因为不懂这个道理，不肯帮驴子多分担一点谷物，最终驮起了全部谷物。由此看来，这种损人不利己的行为还是相当愚蠢的。一遭走下来，别人垮台了，而自己也距离灭亡也仅仅只剩一步之遥了。

抱团折腾会让你的折腾更有成效。有人曾进行过一次针对创业的调查，发现与传统企业家往往单枪匹马打天下不同的是，很多活跃在新经济领域的第三代企业家，都喜欢抱团创业，他们中间 90% 以上都有一个三人以上的团队。他们所从事的事业也因为一开始建立了一个非常专业、分工明确、互补明显的创业团队，而使企业取得跨越式发展。当企业发展到一定阶段，也能够摆脱家族企业的弊病，迅速地吸引风险投资，确立良好有效的企业制度走上正轨，事业发展更加良性。

折腾中的人是孤寂的，很多人都想找创业中投缘的伙伴，帮助自己成功。那些已经用事实证明成功的创业团队无疑非常值得我们借鉴，但也反映了大多数寻找创业伙伴需要注意的地方。有个投缘人陪你折腾，首先你们要有共同目标。找到有用的人才做帮手，对于创业成败非常重要。但是拥有人才之后，能否将人才在组织内进行协作和使用，则更加重要，这需要找到一个能凝聚人心又有使命感的目标。

杨宁和周云帆被商界称做"黄金搭档"，两人从同学到同事，一起创建 Chinaren 网站，一起进入搜狐，一起离开，最后一起投入全部身家创办空中网，并肩作战将企业推向纳斯达克上市。这个二人组合最后能够创业成功，除了是打不散的铁杆兄弟之外，还有一个重要原因——两人互补性非常强。他们一动一静，一张一弛，一内向一外向，正如杨宁所说："做企业可能会犯一些错误，你经常会有很冲动的时候，另一个人会及时地泼一些冷水。就像雅虎的两个创始人杨致远和费罗，费罗是技术天才，杨致远则有商业思维和头脑。这种搭档之间的互补性格，往往能够成就大的事业。"

因为团队之间有互补性，团队的力量才会显现。这种互补，既有知识、经验、资源上的互补，也有性格、能力上的互补。空中网的创始人杨宁就认为寻找好的搭档，自己的经验是首先一定要互补，在很多方面都跟自己互补，而不是跟自己一样的，当然更不是相克的。

1999 年 5 月，沈南鹏、梁建章、季琦加上后来的范敏，联手创建携程网。有人质疑过公司高层如果有分歧，会不会影响日常业务？另外一个创始人梁建章就表示分歧是难免的，但关键是要有搭档之间要有包容性："包容性是很重要的，越是高层的领导，他能包容的人越多。"

此前在投行工作的沈南鹏是最大的个人股东，他也不是没有管理企业的自信，但根据自己的经验和优势，他就选择了做 CFO。这个管理团队因为能够紧密无缝地合作，也就保证了携程从无到有，从小到大，最后发展到在纳斯达克上市。后来，他们还合作创建了另外一个在纳斯达克上市的企业——如家快捷酒店。3 年创建两个上市公司，他们因此被誉为"创业黄金组合"。

折腾过程中只会识人和用人肯定还不够，成功创业者还要有包容的雅量。出现意见分歧不可避免，只要为了目标包容，那些琐碎的细节一切都显得不重要了。

真正的合作伙伴，来源于人类的善意，来源于人类对诚信的敬仰。让我们珍惜这个存在种种弊端的时代，坚信善意和诚信的力量，做好自己该做的事情，认真对待自己真正的合作伙伴，让明天明媚的阳光洒满世界的每个角落。陈安之的超级成功学也有提到：先为成功的人工作，再与成功的人合作，最后是让成功的人为你工作。

投缘人不会因为折腾中的不愉快而诋毁合作伙伴。每一次的合作，不仅会有有利积极的一面，也会有消极的一面。大部分人，为了合作成功，都只说正面，对负面的东西瞒着不说，等到出现问题，就互相埋怨，结果可想而知。成功的合作，是在合作之前把你想到的有关负面的东西告诉对方，但是，要记住：别把时间顺序搞错。否则，没人会跟你合作。找个投缘人，就意味着折腾有了帮手。

财富悟语

折腾不光是靠脸皮厚就能成功的了，现代营销不再是传统的那种拿着产品挨家挨户推销，也不是凭借勇气、耐力一个人单打独斗的时候了，它需要整合各种资源、各种工具才能打出一片新天地。依靠团队、合作伙伴形成强大的人际关系网，找个投缘人一起折腾才是 21 世纪营销的更重要的方式。只有在这种相互尊重、相互理解、相互扶持的基础上建立的伙伴关系，才是真正的合作伙伴，在这个过程中，流露着太多理解、太多尊重、太多扶持的伟大。

和和气气才能财源滚滚

　　人们常说和气生财，财源需要的是人脉的支持，也需要更多义气的配合。你不负我我不负你，互利双赢才能将事业一步步做大做强。会折腾的人不会忽略"和气"二字的重要性，相反他们会利用和气的原理，为自己和别人创造更多的价值。

　　俗话说："和气生财。"这是把利益的获取建立在人情的基础上。处理不好人情关系，不能让对方顺心、满意，谈合作、谈交易只能是痴人说梦。

　　犹太人的经商能力被世界认可，他们认为，赚钱应该是一件开心的事情，要开开心心、快快乐乐地赚钱。所以，在教育孩子的时候，他们就开始给孩子灌输和气生财的思想，同时，也会告诉他们：做生意时要心平气和，与客户发生纠纷时，要能控制自己的情绪，哪怕遇到难缠的客户，也不能轻易动怒，那样不仅生意难做成，还会使自己变成金钱的奴隶，也让赚钱失去了原本的意义。

　　在 20 世纪 80 年代，小张曾在中国青海省西宁市的一个研究所上班。由于单位食堂不供应早餐，每天早晨小张都到单位附近的一间小吃店去吃油条、喝豆浆。有一天小张去吃早餐时，不小心把装油条的盘子摔烂了，满脸横肉的店老板顿时大发雷霆。小张赶紧上前诚心道歉，告诉他说自己不是有意打碎的，并掏出 2 元钱作为赔偿。如果按照当时的物价，2 元钱买一个新的盘子是绰绰有余的。但是出身地痞的店老板并不满足，一定要小张赔偿 10 元钱才肯让小张离开。周围的许多顾客都愤愤不平，所以有人出来打圆场，好说歹说让小张付给他 5 元钱了事。然而，就在两天之后，听说这个店老板又为其他琐事与另一批流氓地痞发生争执而火拼，被连砍五刀而终身致残。

数年之后，类似的场面出现在另一家快餐店。一个抱着孩子的中年妇女走进店里要了一碗面条，还没等她拿起筷子，她的孩子一伸手就把那碗热面条推到了地上，碗也摔碎了。孩子的母亲马上道歉，并拿出钱包准备赔偿。店主人也是一位中年妇女，她和蔼地对孩子的母亲说："没有关系。孩子不是有意的，咱们都不介意。您就不必赔偿了，马上给您另换一碗面条。"孩子的母亲感到非常过意不去，对此万分感动，连声道谢。此后那孩子的母亲把这间快餐店介绍给了她的亲朋好友，从此这家并不出名的快餐店变得日益兴隆，生意越做越红火。

不同的处世方法，带来的是不同的财富命运。同是一个时代的生意人，小吃店老板斤斤计较，将顾客当做宰割对象来榨取财富，必然会招致麻烦，断送自己的财路。而后面的这家快餐店以和气待客，不仅会赢得顾客的好感，还得到顾客的鼎力支持，有这样的铁杆"粉丝"的支持，他们的生意不好才怪呢。和气不仅代表待人和蔼，处世上还要大方，吝啬了反倒让人流失财富。

有句古话说得好：生意好做，伙计难搁。伙计搁不下去了，只有散伙，散伙了大家都没钱可赚。由此可知，和气的确可以生财。和气生财，古人即知，经商之人更知，但说起来容易做起来难。

在一处闹市区有一套房要卖，人们都知道这是黄金地段，如果买下房子绝对是栽下了一棵摇钱树，都想跃跃欲试，只是因要价太高而作罢。有四个人是朋友，他们聚齐商议：每人筹钱 50 万元将此楼买下，折腾一番赚到钱平分。四人东拼西凑将钱凑齐交于房主。房产交割完毕，一楼原本就是门面房，楼上按 4 人原来商量的就是租出去，招租广告贴出去，过了几天仍旧是毫无动静。其中两人一商议决定他们两家租下来做宾馆，租金按市场行情来，另外两人听了也完全赞同。

于是，这两人开始购置地板砖、窗帘、空调等物装修房间，不久开业。由于地理位置好，加之新开的宾馆各项设施都是新的，住宿的客人络绎不绝。每月底，四人平分所有房租，由此四人栽下的"摇钱树"开始生钱，财源滚滚而来。

另外两人看此情景，开始眼红，说要么提高租金，要么他们两人接手干，因此两人气愤难平。双方僵持不下，不得不锁门停业。因为所筹的钱是要付利息的，原来的摇钱树现在不生钱反倒要贴钱。

想必四人肯定都是知道和气生财的道理的，但因了那颗贪欲之心，忘记了初衷，忘记了购此楼就是为了赚钱的。这套房每月的成千上万元的承包费没有了，闲置的房子没有了丝毫的经济价值，要是四人当初知道买房不能赚钱，想必他们也不会四处筹钱买房了。许多时候人们往往因为小利益而动了怒，动了怒就连大利益也不顾了，此时就是要争一口气，与自己原先的意愿背道而驰，忘记了自己最初的本意和目的。

会折腾的人善于思考，因此会走得更远。有人说庸者只看眼前，聪明人看十步，智者看百步。此四人能看出此楼的价值，又能联手行动起来肯定也是聪明人或者智者，但聪明人或者智者一旦动了怒，失掉了和气不能生财时反不如一庸人了。

任何人的决策都排除不了个人主观性，只是多少而已。让我们的主观和客观尽量吻合才能达成目标，我们可多听高手的意见，业内业外的资深人士、领袖人物往往具有足够的观察力和成败经验。创造促膝交流的机会，虚心听取他们的看法，总结起来就会成为你与之比肩的基础。

财富悟语

　　和气让我们的折腾之路更加充满温馨，也让我们的事业不再充满艰辛，事实的真相需要问得更深、追究得更彻底、了解得更全面，不但要知道是什么，还要明白为什么。和气，融洽了你与周围人的关系，事情才会得到更好的解决。我们在折腾前思想要站在高处，行为上要沉到一线，才会奠定成功的根基。

注重发展"人情生意"

在商场上，学识仅仅是基础，公司能发展到什么程度，最后的成败如何，归根结底取决于决策者的情商。卓越总经理最大的优势是情商优势，他们能够维护好自己的人情关系，能够在人脉网中获得有利发展的信息，还能让人脉资源从自己手里开掘出宝藏，"人情生意"是人们折腾过程中一个丰富的宝藏。

折腾大多是从低处做起的，敢于折腾就要善于借助外物。许多人或许会抱怨自己生不逢时，抱怨自己出身低微，觉得自己没有不用奋斗就可终生显贵的家庭，没有可供自己发家致富的物质基础。其实，即使是成功者，他们的财富也是当初一点一滴积累起来的。只不过和一般人相比，他们的成功除了能把握机遇外，他们还善于借用外物。他们总能在需要帮助的时候得到他人的支持，从而把一件艰难的事、困难的事办得有条不紊，并且能在困境中发现机遇。会折腾，不在于你资本多雄厚，而在于懂得应用人情成就事业。

正如一位作家所说的："现代社会，人们完全靠一个规模庞大的信用组织在维持着，而这个信用组织的基础却是建立在对人格的互相尊重之上。"会折腾，就必须学会与人打交道。当今社会，几乎没有人能够脱离尘世而跑到深山老林里去过那种隐居的生活。

戴尔·卡耐基也说："专业知识在一个人成功过程中的作用只占15%，而其余的85%则取决于其人际关系。"良好的人际关系及其运用，是现代人发家致富、功成名就的第一法宝。人脉资源被认为是一种潜在的无形资产，是一种潜在的财富，人生最重要的财富、事业最宝贵的资本。它不是直接的财富，但是如果你没有它，就很难获取财富。

张杰在北京的律师事务所刚刚开业的时候，因为刚到北京且资金周转不过来，连一台传真机都舍不得买。凭借他良好的交际能力，业务很快就开展起来了。在这中间，他接了很多比较棘手的案子，最后都获得胜诉。他常开着一辆掉了漆的夏利车穿梭在小镇间，兢兢业业地做着职业律师。由于他接触的人大多是普通人物，所以这也让他结交了不少朋友。最后，在这些新结交的朋友们的帮助之下，不到一年的时间，他的律师事务所就开始扭亏为盈了。后来，很多朋友为他介绍业务，他的业务大多是由朋友推荐而来的。

张杰后来的成功完全靠的是"人情生意"。试想一下，如果张杰是不愿意交朋友的人，那么他的律师事务所是不会从连传真机都买不起，在不到一年的时间内就扭亏为盈，最后还靠着朋友的帮忙发展壮大。这些都是他的人脉在帮助他，也是很多"人情生意"在助他成功。

折腾离不开人情，生意场上也讲究人情投资，俗话说得好："和气生财。"这是把利益的获取建立在人情的基础上。折腾过程中，处理不好人情关系，不能让对方顺心、满意，谈合作、谈交易简直是痴人说梦。

生意场上的人情投资，是一门大学问，包含了无尽的智慧。掌握其中的要义，关键是把握好下面三个准则。

（1）重视积累人脉

当我们手中只拥有几张新朋友的名片，你必须迅速出击，把它充实为十倍、百倍，这会是你人际交往的生命线，是随时可以启动和挖掘的"存贷"。这一点的难点是要放下清高和面子，打破不以任何方式主动与人交流的心理障碍；要点是不可太急于将陌生人变成为客户，而需要明白慢慢磨合生意之道是慢工出细活，不能操之过急，交朋友也是如此，要有耐心，通过事件、时间来争取别人的理解和信任，扩大你的人脉。

（2）以诚相待

折腾的路上不能缺少真诚，"以诚相待"并不是说给别人听，而是说给自己的内心听，让内心将其消化，然后散发到点点滴滴的行动中，"润物细无声"。这一点的关键是对对方的理解，无论怎样的朋友或伙伴，他们之所以与你相交、合作，都是或多或少有利益要争取的，切不可因此而看不惯。理解后才能真诚相待，才能平平淡淡地把人情做到点子上，让人真正感到你的友善。那种热情夸张、殷勤过火的行为，反倒显得过分勉强，不够真诚，也会影响我们的事业进程。

（3）树立口碑

要培养塑造自己的个人口碑，进而树立公司的形象。通过品德的修炼，对惯例及规范的秉持，慢慢积累自身的影响力，直到大家众望所归，说这个人很不错。当你的口碑很好，处理问题极其到位，这个时候你的社会资源就非常多，就会有为数不少的人愿意支持你，你的才能就能得到最大的发挥。

要想折腾成功，就要树立对人际关系的长期投资的观念。有些短期内看似不重要的人和事，一段时间后就可能变得很重要。所以精明的生意人如果能把钱适时地投在人情上面，时间久了，它所带来的回报必定远远超过你的预期。

财富悟语

暂时还不富裕的人要想改变潦倒贫穷的现状，首先要学会编织自己的人脉资源网。当你折腾一番的时候，这些资源完全可以被用来做"人情生意"。人脉是条路，积累了一定的人脉资源后，也就奠定了事业的基石，那么摇身变为成功者的日子也就指日可待了。

第 4 章

想赚钱就动脑子

——抓住金点子，脑袋够用钱就够用

任何成功都需要创意。同样的竞争市场，同样的勇气，同样的资历，成功者只是加入了一点小小的创意。看看他们的第一步，我们就会发现，最大的财富，或许就在我们的头脑里沉睡。我们要告诉自己，创意无限，财富就会无限！

按计划折腾，第一桶金不难拿

作为一个想要折腾一番的人来说，只是知道自己想干什么，这是不够的，更加重要的是，应该知道自己能够做什么、能够做到什么。当然，这也是相对而言的，因为一个人的潜能发挥是一个逐渐展现的过程。但是，一个人对自己的兴趣、潜能有一个基本的认识，仍然是一项具有前提性的工作。按计划折腾，获取你的第一桶金才会变得容易。

任何事物的发展都是有规律的。折腾出一番事业就像自己包饺子一样，如果没有计划性的行动，就会弄得一团糟。相信你一定吃过饺子吧，或者看见亲人给你包过，或者你也学着包过，这些就像一些实践性地积累一些折腾的经验。

我们知道包饺子需要面粉和馅，这就要准备和面，还要买菜，剁菜，要加入各种作料油调馅，然后开始包，再就是要把水烧开，不管你是用电还是火；然后把饺子放到锅里煮，要煮一段时间才能熟，才可以吃到香喷喷的饺子。由于每个人水平不一样，饺子的味道也有差距，有的好吃些，有的可能差些。

那么想要折腾，就要做一番计划，走起路来才不至于被绊着。首先自己尽量学习，就像学一些成功的创业经验一样。其次要准备需要的东西，也就是尽量准备好你想要折腾一番的条件，如技术、资金、人际关系，这些像包饺子的主馅、作料似的，合理搭配好。再准备饺子皮，接下来就可以包了。包的过程有些像开张前；包好煮的过程有些像开张后；慢慢饺子越煮越熟，就如同你的事业走向成功；等到熟了时，就可以吃了，享受你的事业成果了。可能会好吃些，可能要差些，那有没有更好的办法呢？

要想自己进步得快，最省劲的办法就是跟会包的人在一起包，你当帮手或者你包他来指导。这样包的过程你会很顺利，包得也较快，味道也会更好些。这就如同我们要折腾创业，就要先跟别人学创业。

也就是说，折腾一番最好有成功人士指导你！然后你要按下面的步骤走：首先，折腾一番是要准备的，一个是准备自己的能力，一个是准备折腾一番的条件。其次，折腾一番是一个过程，是要有时间的，不是一下子就成功了。再次，最重要的是按照包饺子的过程开始行动吧！折腾一番的步骤和包饺子一样，知道折腾一番带来财富；准备折腾一番的条件；条件成熟开始折腾一番；折腾一番中；享受折腾一番带来的收获。

人们参加各种大型聚会或者走访朋友，习惯送上一大捧新鲜美丽的花。但不少人往往忙到下班，去赴约时才想起自己两手空空。这时，花店早已打烊，他们就翻出名片打电话，恳求帮忙。花店老板史密斯先生就经常接到这种电话，烦不胜烦。舍不得放弃生意，又不愿意放弃精彩的电视连续剧，怎么办呢？那天送花回来，史密斯口渴，就到自动售货机买了瓶水。看着瓶子滚出，他忽然灵机一动。难道自己不能发明一个自动售花机？花店打烊后，就让它替自己继续工作，照样赚钱。思虑再三，他着手开发研制，不到一年就大功告成。他将普通的自动售货机的体积扩大一倍，令箱体内保持适当的温度、湿度，外面是玻璃，可以看到鲜花和盆花，售价为 5 美元至 10 美元不等，投钱按钮就能取花。自动售花机推向市场，很受欢迎，尤其是医院、养老院、餐馆、公寓附近，花的需求量很大。于是，史密斯先生添置了更多的自动售花机，并增加了干花的销售，准备了一卡车的花卉货物定时补充调换。这样的经营比门市经营利润更高。史密斯先生也在当地一举成名。一个简单的联想，就让史密斯先生重新拥有安宁的夜晚，也可能让你的人生就此改变。

其实折腾一番就是要一步步来，折腾一番也要有一个时间过程，就像烧开水一样，开水不是一下子就烧开的，所以你从开始就一定要稳得住，沉得住气。好高骛远、揠苗助长、急于求成对于初始折腾一番的人没有任何益处，往往当时你觉得很好，但是跑了一段时间后，忽然发现跑错了，还要回过头来，重新开始，反而浪费更多的时间和精力，得不偿失。事物发展都有其时间规律性，折腾一番也是一样，只要你按照规律去做，成功方可指日可待。

折腾要有目标，我们要明确自己想做什么、能做什么的同时，还应考虑社会的需求是什么这一重要因素。如果一个人所选择的折腾一番的领域，既符合自己的兴趣，又与自己的能力相一致，但却不符合社会的需求，那么，这种折腾一番的前景无疑会变得暗淡。

很久以前，有个人以锅锅碗为业。有一天他外出，正赶上皇帝出行郊外时皇冠坏了，皇帝便叫这个锅锅匠来修理。锅锅匠修完之后，得到了皇上所给的许多赏赐。

锅锅匠拿了赏赐往家走。在他经过山中的时候，遇见一只老虎躺在地上呻吟，见有人来，便举起一只爪子求救。他仔细一看，原来老虎爪子上扎了一根大竹刺。锅锅匠就为它拔去了刺。第二天，老虎为报答他，给他叼来了一只鹿。

锅锅匠很高兴地对妻子说："我有两样技术，可以马上致富！"就在大门上用大字写道："专修皇冠，兼拔虎刺。"原来他是想靠修皇冠和拔虎刺致富。

但是，生活中哪有那么多皇冠可修和虎刺可拔呢？锅锅匠最终将积累的财富花光，又变得一无所有。

锅锅匠由于一个意外收获了第一桶金，但他没有仔细地考量自己，不知道自己的核心竞争力是什么。他犯的错误就是想指望根本没有市场的技术来致富。没有市场的技术，哪里有用武之地，哪能换来钱呢？没有计划地去折腾，只会把自己折腾成穷光蛋。

要折腾一番，不但要有创意还要有计划。折腾一番者应该清楚地审视自己所拥有或能够使用的一切资源的情况，是否足以支持折腾一番的启动和折腾一番成功之后可持续地进行。这些资源，不仅指经济上的资金，还包括社会关系，即通过自己既有人脉关系以及既有人脉关系的进一步扩展所可能带来的各种具有支持性的东西。

计划在折腾中不可缺少。一份翔实的规划必须将个人理想与社会实际有机地结合，它也能够帮助一个人真正了解自己，并且进一步评估内外环境的优势、限制，从而设计出既合理又可行的发展方向。只有使自身因素和社会条件达到最大程度的契合，才能在现实中发挥优势，避开劣势，使规划更具有可操作性。

财富悟语

　　分析社会需求及其发展态势并非一件易事，因此，在选择目标时，应该进行多方面的探索，以求得出客观而正确的判断。一份规划能够在多大程度上取得实际成功，就取决于它在多大程度上对现实生活进行了准确的把握，并进行了最完美的结合，你的第一桶金才会有价值。

投资理财必须顺着形势走

　　那些紧跟经济形势的投资者，总能赚大钱。投资要紧跟形势，让自己的投资与当时和今后的经济形势相吻合。要做到投资紧跟形势，首先就必须以敏锐的眼光去感知形势的变化。感知形势变化的一种重要途径就是要多看经济新闻，多阅读经济刊物，培养和提高自己的经济敏感度。紧跟形势，折腾在当下，会让你更加成功！

　　折腾致富要紧跟形势，致富与时下的形势有着紧密的关联。这种关系，我们从国人近几十年的致富方式可见一斑。在我们国家市场经济的初期，赚钱的形势是赚取商品差价。在当时，计划内的钢材价格是一吨几百元，而计划外的钢材价格却是一吨三千多元，这类情况普遍存在。

一些人率先发觉这个巨大商机，然后紧跟大势去折腾，从商品差价中赚取巨额利润，从而成为第一批百万富翁。到了 20 世纪 90 年代，发展形势发生了逆转，再靠赚取商品价差已经不再那么容易成为富翁了。又有一大批紧跟形势的人，发现人民币和外币的相对价格存在巨大的套利空间，他们又紧跟形势开始折腾，靠炒汇成就了千万富翁。

进入 21 世纪，赚钱的形势转化为资产差价。还是有很多人紧跟形势，积极参与资产投资、证券投资从而富裕起来，而且富裕的程度可以达到亿万元之巨。由此可见，每个紧跟大势的人，都能率先富裕起来。因此，紧跟形势是闯荡者投资致富的一个极为关键的因素。

2008 年奥运之年，火炬在广州传递时，老张看着那些奥运衫、国旗、奥运旗都很好卖，于是从广州的沙河服装批发市场拿了 T 恤衫卖，一天下来生意还不错。老张心里想，自己正好有辆小面的，闲着也是闲着，不如跟着火炬传递的路线，一路卖下去。

紧跟形势创造机遇赚钱，第一步他上网研究了火炬的传递路线。追火炬可不能瞎追，首先得弄明白火炬传递路线是怎么样，先上网把火炬传递路线及时间表都弄清楚，这样追起来，心里才有底。老张"有勇有谋"，自己绘制了一张详细的火炬传递路线图，每个省有哪几个城市会传递火炬，具体时间是什么时候，都标明得一清二楚。

他开始招兵买马一起折腾。知道了每个城市的传递时间还不行，还得知道每个城市的具体传递路线是什么，只有在传递路线周边，这些纪念 T 恤才能卖得好。而这些工作，他一个人精力不够，于是，他雇了三个人，每个人都分工明确，他负责开车、听广播，到现场开卖的时候就负责收钱，其他人就负责吆喝。中央电视台的《中国之声》对火炬传递是全程直播的，车上有车载收音机，每个城市传递线路都会在开始传递之前介绍得一清二楚，他又买了一个 GPS 导航系统，这样就不怕找不到路了。

每次老张都会从广州沙河服装批发市场拿一万元左右的货，成人每件体恤进价六七元，小孩体恤每件四五元，每次进一两千件。卖的时候就比较灵活了，从十几元到 40 多元一件，都卖过，生意好时就卖贵一点儿，生意不好时，就卖便宜一点儿，能赚就行。不过基本上一个省能卖完一车，除去人工、汽油、伙食、住宿等成本，还能赚好几千元。跑了十多个省，赚了有 10 多万元了。

奥运对我们国家是一件大事，对于一般人可能就是看热闹，而对于会闯荡、敢折腾的老张来说，这是一个千载难逢的致富好时机。他紧跟大众迎接奥运的大好形势，抓住人们喜庆狂欢的心理，运输含有奥运元素的 T 恤紧跟奥运火炬沿路去卖。不得不说是一个高明的智慧，也让他赚了个盆满钵满。

"二战"时期，一家美国的缝纫机厂经营状况不佳。厂长汤姆看到，由于战争的影响，人们已很少有心思坐下来搞缝纫，缝纫机销量下降的趋势不可逆转。他通过研究分析，预测战后由于伤残人员骤增，残疾人用的轮椅需求必然上涨，于是便毅然改行生产残疾人小轮椅。战争结束后，果然销量成倍增长，他独家开发的小轮椅不但走俏本国，而且销到了国外。

没过几年，小轮椅的销量趋于饱和，他又预测人们将会把健康作为重要的追求目标，于是又着手开发生产健身器材。结果仅在战后 10 多年，健身器材便风靡市场，汤姆的财富又得到了增长。

在很多人眼里，市场是无形的、隐蔽的、难以捉摸的，要想占领先机折腾成功，要准确把握和驾驭市场，就要紧紧观察形势的发展趋势。其实，市场的变化也是有规律的，关键是要善于观察，捕捉市场从渐变到突变过程中的蛛丝马迹。一旦抓住了机遇，你将会得到长足的进步。

通过观察我们发现，一些企业、店铺能够赢利是因为他们把握住了新世纪赚钱的"趋势"。当然他们还掌握了这个行业经营的"成功秘诀"。正如阿里巴巴创始人马云所说："我们在赚钱，而且赚得很快乐，但如何赚？我们是不会告诉你的。"

把握住了产品趋势能让你赚钱，无论经济发展到什么程度，只要消费，"物美价廉"就是永恒不变的趋势。人们所追求的产品的本身品质好，更能为顾客创造使用价值，创造增值价值。把握住了营销趋势，也能让你赚钱。有研究称，每个行业中的前 10% 在赚钱，是因为它们"顺应"了营销的发展趋势；同样的一件运动服，我们在品牌服装店里，没有人会质疑它的价格。

抓住体验营销的趋势也能让我们赚钱，顾客更重视消费环境的体验，产品的体验，文化的体验，例如麦当劳率先提出"我们不是在做餐饮业，我们是在做娱乐产业"，顾客消费的不仅是产品，更重要的是一种文化体验。会折腾的你也会针对你的产品做出相应的体验方案。

抓住赢利模式趋势也是致富之路。发达国家的产业结构中，国民经济中的 80% 是服务业，整体社会仅存在两种人，一种是服务者，另一种就是被服务者。而所有的服务都是建立在专业化分工、专业化服务的基础之上，我国作为发展中国家，专业化将成为未来新的赢利趋势。当然，抓住形势创富的道路有很多，只要你有一双慧眼，有敢为天下先的魄力，你的成功也就不远了。

财富悟语

> 会折腾就要审时度势，看准机会再出手。不同时代，有不同时代的致富形势，折腾就各有各的特点。工业时代，一份努力就有一份报酬，因此你可能靠劳力赚钱。但到了信息时代，致富的形势改变了，很多人利用有效信息一夜之间就成了亿万富翁。这就是形势造就财富，看准形势你会获得很多。

想过瘾，就把小投资变成大收益

很多人一说到投资，恨不得把家底全搭进去，否则觉得收益不多的话一点都不过瘾。可是过瘾可不是这么过的，想折腾的话就先学着用小投资成就大收益。折腾成败有许多原因，但其中有一点是永远不变的，那就是在跟时间的斗争中，谁的忍耐力最强，谁就最能获取成功。无数投资实例证明：拥有富有时间的投资者能充分享受时间效用，创造更多的财富。

小投资变成大收益，就非得依赖于时间。人们都知道"时间就是财富"这句耳熟能详的话，它有两层含义：一是说时间宝贵；二是说时间可以创造财富。也许你没有太多的资本，那么拿出最小的成本，选择那些最有潜力的项目，时间可为我们创造财富。

小投资可带来利润，时间也可创造金钱。投资的成败有许多原因，但其中有一点是永远不变的，那就是在跟时间的斗争中，谁的忍耐力最强，谁就能获取成功。投资一年就想收回本金的人，与十年不收回本金都无所谓的投资者相比，谁的投资成功可能性更大一些呢？无数投资实例证明：拥有富有时间的投资者能充分享受时间效用，创造更多的财富。

时间创造财富，就是要在时间作用下，利用复利来创造财富，这不失为一种高明的选择。提起创业，在很多人眼里，肯定是需要一大笔创业基金。其实，在日常生活中，有很多创业不需要投入太多的成本，但获取的投资收益却毫不逊色。

小美从小就爱看书，大学毕业后，正在寻找工作的她发现，在出版业和图书销售业不时会有新书被炒得火暴，但在实际发行过程中，畅销书运到中小城市往往有一段"滞后时间"。因此，她抓住了这个机遇，在自己所在的小城市中开了家畅销书专送店，真正将小投资变成了大收益。事实证明，这家投资成本不高的专送店，给小美带来了无限的赚钱机会。

小美采取稳健投资避风险。她先向供货方缴纳一定数量的购书押金，让对方确保能及时供货，并承诺一定时间内卖不掉的书籍可作退货处理，这样一来可以避免积压造成的亏损。

结合市场背景，进货还需要能够慧眼识珠，挑选读者喜爱的品种。从近年图书发行情况看，教育辅导和医疗保健类书籍已成为新的增长点。

广而告之要灵活。报纸的书评版是最好的宣传阵地，另外，有条件的还可开通网上购书业务。客户是最好的广告，可以向客户赠送畅销书排行榜之类的小册子，逐渐形成自己的经营策略。

折腾就要选投资好的项目，而投资的共性是稀缺性，只有稀缺的东西才是最有价值的东西，比如邮票，它在我们身边随处可见，只要你选择对了，就没有不增值的道理。摆在人们面前的投资大道林林总总，但如何以小投资变为大收益，这是非常需要技术含量的。

在众多品种中，以生肖票最火，这恐怕与盛传的一个故事有关：

在潘泳上初中的时候，做生意的父亲给他买了一台电脑，从此潘泳开始喜欢上了电脑和软件。上高二时潘泳的游戏账号被盗了。于是潘泳萌发了要编程的梦想。在一年多之后潘泳便可以随意改动网吧的计费系统，上网都不要钱了。初次看到电脑软件神奇之处的潘泳冒出了很多想法，并且在不久后做出了联网的ktv系统。但是因为没有地方来应用而放弃了继续开发。

上了大学之后，潘泳在全校编程大赛中获得了一等奖，也正是在大学中潘泳与iphone"结缘"。毕业后，潘泳在一个小电子厂工作。有了工作之后仍然没有忘记大学时的苹果梦，但是i-phone的价格实在是太贵了，而潘泳这次看中了有"残缺的iphone"之称的ipod toueh。潘泳想：如果ipod touch能通话和发短信的话不就可以当iphone用了吗？

潘泳把这个主意告诉哥哥潘磊时，潘磊在外地有一份不错的工作，但是听了弟弟的想法之后，潘磊立即放弃了工作赶到了深圳与弟弟一起开发苹果皮。

由于没有钱，潘泳与潘磊只能租了个车库。但是还有一个更大的困难摆在他们面前——他们并不会设计电路，甚至连电路图他们都不会画。所以他们就借助着网络的力量，不断地探索。但是，事情往往不都是一帆风顺的。在他们使用网络的过程中，最常用的便是谷歌，但是谷歌在 2009 年 3 月开始便不稳定了，甚至最后退出了中国。在这一段时间内，潘氏兄弟失去了外国工程师的帮助，开发进度异常缓慢，并且有了技术难题时也没有人来讨论解决。直到谷歌不久在香港租用了新的服务器又提供服务时，他们的工作才又有了显著进展。

六个月之后。苹果皮研发成功了。可是开发苹果皮已经花去了数万元——已经够买好几个 iphone 了，而家中老父也得了重病，每月医药费都要上万元。于是潘磊和弟弟决定卖苹果皮。

于是他们借来了邻居的相机录下了"ipod much 瞬间变 iphone"的视频并上传到了网上。他们没有想到：在视频上传了不久之后，竟引起了全国苹果迷的关注。随即全亚洲的苹果迷都因苹果皮的出现而沸腾，潘氏兄弟成功了。

由于父亲买的一台电脑，潘泳就与电脑结下了不解之缘，当然不可置疑的在电子方面他是有着明显优势的，也就是因为他把自己的这份微小的优势作为迈向成功的不动信念，所以以后不管做什么他都是围着电子产品在转。可以说电子这个东西已经成为他人生中奋斗的一个最终方向，而这种信念也就成为他迈向成功的一种微势哲学。当然也就是这种微势哲学对他行动的驱动，才让他收获了成功。由于是小额资本折腾事业，折腾事业的限制会因资金的短缺而随之变多。但是小成本折腾事业只要能够掌握经营技巧，大事业也可以从小资本做起。

由于是小额资本折腾事业，折腾事业的限制会因资金的短缺而随之变多。但是小成本折腾事业只要能够掌握经营技巧，大事业也可以从小资本做起。

专业技能重于设备，小成本折腾事业不可能花大钱添购设备，所以折腾事业者必须以自己的专业技巧取胜。例如，SOHO者投资设备可能只有小成本以下，先购计算机设备、打印机、传真机等简单设备就可以成立一间工作室，但是SOHO族必须拥有个人专业的技术，例如网站建设、动画设计、外语翻译、美术编辑、文字等，只有高超的专业能力才能让顾客满意，事业长久。

资金调度要适当，只有小成本的折腾事业在资金调配上是一门很大的学问。如果只有小成本的话，花6万～7万元购买设备及原材料就行，最好保留2万～3万元当周转金。另外需要提醒的是，折腾事业是有风险的，折腾事业者如果孤注一掷将所有资金投入在事业上，一旦事业面临挫折，折腾事业者的生活将会陷入更糟糕的窘境。

要学习掌握一些利用花费较小的行销技巧。小成本折腾事业的折腾事业者不太可能花大钱在广告、宣传上面，如果是在报纸上刊登广告对折腾事业者来说又是一笔沉重的负担。所以只有小成本折腾事业者，可以利用一些小小的行销技巧，不用花钱或花很少的钱一样能够宣传。如从事各种才艺培训行业的人就可以向邻居、家长提供自行印制的宣传单，贴在社区的公告栏上就可以达到宣传的效果。

小小的投资，每个人都是承担得起的，但是我们很多人却总是眼睛里只盯着大的，根本看不上那小的。结果呢，往往是赔了夫人又折兵。只要脚踏实地经营，一步一个脚印地努力，小投资变成大收益，然后再成就大事业。

财富悟语

> 在投资过程中，小投资者所拥有的两项优势也是其他投资者无法比的：首先，小投资者的资金量小，因而进出比较方便，"船小好调头"，一笔单子下去就可以打好基础；太阳每天都是新的，市场上每天都有赚钱的机会，"你要真想挣钱时，又岂在朝朝暮暮"！

有商机就找商机，没商机就造一个

在开启折腾之路前，那些准创业者可能要花难以计数的时间寻找创业思路，而这些创业思路可能最终毫无价值。有商机固然好，但没有商机，我们也不能坐以待毙。因此，对我们来说，学会快速地估计是否存在真正的商业潜力，以及决定该在此项目花费多少时间和精力是一项重要的技能。创造商机，是会折腾的人的又一大潜质。

我们不能坐等商机的到来，否则就很难成功。要想折腾出成就，就必须开动脑筋、主动出击，没商机也要创造商机。那些成功的创业者和投资家都明白，市面上看似好的商机未必就真的赚钱，而一个好的思路就可以创造出一个新的商机。

看准机会才会创造商机，着眼机会往往容易成功。成功者最关键的品质是在最关键时刻作出最关键的决策，这就是要求我们以积极的态度看待问题，把视野打开，积极转换角度，着眼发展，最大限度地扩大机会。机会总是青睐有准备的人，那些擅长从全局把握机会、从长远发展机会的人是最容易取得成功的。

美国某城500公里以外的山坡上有一块不毛之地，地皮的主人见地皮搁在那里没用，就把它以极低的价格出售。新主人灵机一动，跑到当地政府部门说：我有一块地皮，我愿意无偿捐献给政府，但我是一个教育救国论者，因此这块地皮只能建一所大学。政府如获至宝，当即就同意了。

于是，他把地皮的2/3捐给了政府。不久，一所颇具规模的大学就矗立在了这块不毛之地上。聪明的地皮主人就在剩下的1/3的土地上修建了学生公寓、餐厅、商场、酒吧、影剧院等，形成了大学门前的商业一条街。没多久，地皮的损失就从商业街的赢利中赚了回来。

没有商机却能创造出商机，这是会折腾的人的智慧所在。看似没有前途的荒凉之地，被商人智慧地加以安排，不仅为政府解决了一大难题，还为自己创造了源源不断的财源。开动脑筋做事何等重要，我们不是没有资源，而是大多数时候不懂得如何运用。

美国宣传奇才哈利十五六岁的时候在一家马戏团做童工，负责在马戏场内叫卖小食品。但是每次看戏的人不多，买东西吃的人则更少，尤其是饮料，很少有人问津。

有一天，哈利突发奇想：向每一位买票的观众赠送一包花生，借此吸引观众。但是老板坚决不同意他这个荒唐的想法。哈利用自己微薄的工资做担保，请求老板让他一试，并承诺说，如果赔钱就从他的工资里面扣；如果赢利了，自己只拿一半。老板这才勉强同意。于是，以后每次马戏团的演出场地外就多了一个义务宣传员："来看马戏喽！买一张票免费赠送好吃的花生一包！"在哈利不停的叫喊声中，观众比往常多了几倍。

观众进场后，哈利就开始叫卖起饮料来，而绝大多数观众在吃完花生之后觉得口渴都会买上一瓶饮料。这样一场马戏下来，营业额比平常增加了十几倍。其实，哈利在炒花生的时候加了少量的盐，这样花生更好吃了，而观众越吃越口渴，饮料的生意自然就越来越好了。

没有需求就创造需求，你的财富额就会不断增长。要折腾事业，我们不能坐在家里死等机会的到来，要勇敢地走出去，脑袋活跃起来，胆量大起来，尽管有挫折，但你也会发现不一样的商机在向你招手。

美国一出版商有一批滞销的书久久不能脱手，便给总统送去一本，并三番五次地征求总统的意见，忙于政务的总统没有时间与其纠缠，便随口应了一句："这本书不错！"出版商如获至宝般地大肆宣传："现在有总统先生喜欢的书出售。"于是，这些滞销的书不久就被一抢而空了。

不久，这个出版商又有书卖不出去了，他又送给总统一本。总统上了一回当，想奚落他一下，便说："这本书糟透了。"出版商听后大喜，他打出广告："现在有总统讨厌的书出售。"结果，不少人出于好奇争相购买，书随之脱销。

出版商第三次将书送给总统的时候，总统接受了前两次的教训，不置可否。出版商却大做广告："现在有总统难以下结论的书出售！"居然又一次大赚其利。

借力会帮你创造商机，当你一筹莫展的时候，想想周围的资源吧，总有一些有用的东西会被你所用，也总有一些潜在的需求因你的行动而迸发出来，大胆尝试，你会收获很多。折腾同时是一种思考、推理和行动的方法，它的成功与否不仅要受机会的制约，还要求人们有完整缜密的思路、可行的实施方法和讲求高度平衡技巧的管理艺术。折腾事业不仅能为自己，也能为所有的参与者和利益相关者创造、提高和实现价值，让价值不断增长。

折腾走向成功路途很长，而商机的创造、识别和捕捉是这个过程的核心，随后就是抓住商机的意愿与行动。这要求人们有甘愿冒险的精神，包括个人风险和财务风险，但所有风险都必须是经过计算的，根据局势随时作出调整，要不断平衡风险和潜在的回报，这样才能让你掌握更多的胜算。通常，会闯荡的人通过精心设计战略计划来合理安排他们的有限资源。

折腾的过程中，创业者倾注其想象力、动机、承诺、激情、执着、正直、团队合作与洞察力。创业极少会让人快速致富；相反，它是一个不断更新的过程，因为会折腾的人从来不会满足于商机本身，他们还会创造商机取得成功。

折腾的人要抓住商机，更要创造商机。要获得事业的成功，除了创业者的有效管理外，通常还需要建立起一支高效的团队。这个团队要具有团队合作精神，还能对商机有敏锐的嗅觉，当别人看到的是一片矛盾、混乱和疑惑时，他们能敏锐地发现其中隐藏的商机。折腾事业的成功还需要有发现和控制资源的技巧和智谋，这也是开创商机所不可缺少的。这可以确保我们在折腾的道路上最大化地解决问题，这些是走向成功的重要因素。

财富悟语

> 市场越不完善，商机也越多；信息和知识的真空、不足越多，商机就越多。大多数折腾成功的创业者既具备思路转换的优势，资金也很充裕，这样才能创造和捕捉到别人还没觉察到的商机。没商机也要创造商机，这是一种胆魄，更是一种山前没路我开路的智慧。

没船出海？自己动脑子去借

会折腾的人不会局限于自身的力量，他们懂得借力去折腾。借力是生存竞争第一法则——荀子说："登高而招，臂非加长也，而赌远；顺风而呼，声非加疾也，而闻者彰。假舆马者，非利足地，而致千里；假舟楫也，非能永也，而绝江河。君子生非异也，善假于物也。"

只要研究中国古代智慧之言就会发现，有很多"借"字，"借鸡生蛋"、"借船出海"、"借网捕鱼"、"借东风"，高明的折腾者要善借身外之物，所以从努力到借力就成为达到成功的关键内容。所谓借力就是借势、借物、借财、借才、借人等行为，包括内借和外借。荀子曰："君子生非异也，善假于物也。"郑梦九将韩国现代带向巅峰时代，正是"借"的结果。

在市场经济时代，靠单枪匹马独闯天下是很难成功的，"借力生财"、"借势经营"才是企业迈向成功的捷径。我们折腾的事业要生存，无非两条路，一是造势，一是借势。比较造势而言，借势的成本不见得多高，达到的效果却是尽人皆知，何乐不为呢？

近年来，随着《山楂树之恋》影片的热映，配合电影宣传的"山楂月饼"，还是限量的 3000 套早已全部售罄。相比让观众憎恨的植入式营销，张艺谋的山楂月饼既合情又应景，为电影营销开创了一条新的道路。从山楂月饼的销售一空来看，张艺谋导演对于"借势"还是十分擅长的，尤其会借具有中国人共性的"势"，从而开创了自己的成功。

清朝末期，上海闸北区有一家梨膏店，生意做得很大，店门口挂着"天知道"三个大字的牌匾。"天知道"梨膏店的对面是一家姓于的水果店，这梨膏店的发迹就是因为这家水果店。光绪八年，于家水果店从山东莱阳运了 50 篓梨到上海闸北区，因为路途遥远，梨皮被颠破，经雨一淋，运到目的地就开始烂，不管怎样晾、晒或削皮，都卖不出去。对门有个小店，里面住着夫妻二人，正没有粮食吃，见于家扔掉了许多烂梨，就拾来削去皮、挖掉烂眼，一吃很甜，就把削好的碎梨切成小块，一个铜钱卖五块，生意很是兴隆。这夫妻俩就到于家水果店将一篓篓的烂梨买来。反正梨烂了也不值钱，于家乐得其所，一股脑儿地都贱卖给他们。买的多了，这对夫妻就将梨削好放进大缸用糖腌起来，这样更好吃，一上市卖得更火了。

后来，夫妻俩到处买烂梨，削去皮放进锅里熬成梨汁，制成膏糖。春天没梨吃，人们都想吃梨膏糖，一下子竟然成了南方的名产。第二年，朝廷的钦差大臣到上海闸北区出巡，买了梨膏糖一吃，又甜又酸，很好吃，就将梨膏糖带到北京献给慈禧太后。慈禧正咳嗽，吃后觉得味道真好！便传旨叫夫妻俩进贡梨膏糖，这一下夫妻二人生意做大了，正式开了梨膏店。于家水果店老板暗自打探，终于知道这些梨膏糖是烂梨制成的，又红眼又嫉妒，更怕得罪皇上，就在夜里写了一张纸，上写"天知道"三字，贴在了夫妻俩梨膏店大门上。

第二天，这夫妻俩一看"天知道"三个字，愣了一会儿，就知道有人捣乱。男老板哈哈大笑说："我正想起个字号，今天就有人写了字号送到门口，真是好极了。我家店里的梨膏糖连皇上都吃过，他是当今天子，应当叫'天知道'，我就用这三个字当招牌！"他把招牌写得特别大，来看的人一问，知道皇上、太后都爱吃梨膏糖，这生意就更好了。

于家水果店老板骂人不成，反而让人家买卖更兴旺，字也被人利用了，就更生气了。他又在梨膏店墙上画了一个乌龟，把头缩进肚里，还写着"不知羞耻"。第二天，梨膏店夫妻俩一看又是一愣，接着同声说："咱们用乌龟当商标。梨膏糖止咳延年益寿，龟也是长寿的。"从此，这个商标就成了上海的驰名商标。

梨膏店夫妻从艰苦走向了富裕，他们凭什么获得了成功？实际上他们是含有一颗包容的心，巧妙的借势借力，借着"天知道"的优势，凭借乌龟延年益寿之力，把梨膏店打造得红红火火。真是"好风凭借力，送我上青云"。想通过折腾创富的人，如果学会从挫折、困难、打击、障碍、逆境之中借势借力，就能走得更远。

纵观人类发展历史，皇者以借取天下，智者以借谋高官，商人以借赚大钱，不懂得借助外力的人很可能成为平庸一生的人。擅长"借"的人，能借亲朋好友之助登上事业之巅，借天时地利人和圆成功之梦。

1893 年的芝加哥博览会上，一款瓶颈上扎着蓝色丝绸带的啤酒获得了世博会的最高表彰，并被人们亲切地称为"蓝带啤酒"。这也就是日后百年品牌"蓝带啤酒"的缘起。

事实上，这款酒当时是以贝斯特啤酒的名称参展的。它解决了当时尚属新鲜事物的瓶装啤酒易变味的难题。蓝带啤酒所选原料精纯优良，瓶子质地坚实，气足味纯，受到了人们的推崇。

自从芝加哥展会上一炮打响后，蓝色丝绸带的贝斯特瓶装啤酒就格外流行，公司还不得不特意去采购蓝绸带来装饰瓶装啤酒以满足消费者的这种偏好。随后，蓝带成了贝斯特精选啤酒的符号标志。并且在芝加哥世博展会 5 年后，"蓝带啤酒"被正式注册为商标，揭开了百年品牌的序幕。

想让自己的产品得到更好的推广，借力必不可少。上述故事里好酒与好推广相得益彰。蓝带酒啤是贝斯特品质最精良的酒，别出心裁的蓝色丝绸带成为啤酒很好的装点，也成了区分优劣的显著标志。

单纯提倡人们去折腾、去自主创业，是不现实的，事实证明成功率很低。从目前国情来看，很多地方提倡青年创业的项目往往只有硬件支持，尽管也是借力，但缺乏必要的业务指导，这对于刚刚踏上社会梦想折腾一番的人来说，无疑就是"盲人摸象"。所以，当前最重要的是，想借力就要背靠成熟企业的"大树"，通过进行试创业的方式先锻炼能力，然后再"借船出海"，探索出一种比较切合实际的创业规划。

我们正处在一个风起云涌的创业时代。许多人在折腾的浪潮中掘到了人生第一桶金，但还有更多人却被一个浪打没了影儿。面对资金缺乏、经验不足等问题，我们不禁要问，面对零距离的创业之路，每一双脚都可以迈上去吗？但你只要懂得"借"，就有机会成功。

借发展之势会让你的折腾更有成效，市场经济的高速发展，每年都会催生诸多新职业。在新兴的市场中，如果你敢于打破传统经验主义的束缚，往往能够出奇制胜。像互联网、电脑、管理咨询、医药科技等这些新兴产业，早已被人们列入名单之中。事实上，在任何一个行业初兴之时，都需要有充满雄心的年轻人给它以活力，而这种行业需求，才是我们发展的真正的机遇。

借专业之专让你的折腾之路插上翅膀，比如有计算机相关专业背景的人来说，电子商务、网络游戏等都蕴藏着丰富的机会。被很多人看好的 IT 领域的创业项目前期投入少，比较适合那些拥有自主知识产权的人们。拥有通信或医药专业知识的人，技术上有着近水楼台先得月的优势，这些是我国政府重点发展又是全球关注的领域。有设计相关经验的人，可选择自由职业者的身份进行折腾创业。还有对于大众型专业的人来说，充分利用自身在校期间所积累的能力优势、人脉资源等，在一些资金需求不大、项目周期不长、人手配备要求不多的项目上折腾自己的事业。

折腾得好更可以借技术能力来实现。对于初期创业者，节约成本、保持充足的现金流是影响成功的最重要因素之一。此时，在租金、设备、材料都不可减少的情况下，减少成本的唯一途径是人力成本。在"借船出海"之际，重要的是要学会各项专业技术，成为技术熟手，然后用较低的成本招聘新人作为帮手。如今商海中，千千万万的敢于折腾的人正在书写着他们白手起家的宏伟篇章。

财富悟语

假如说折腾事业是无数人心中美丽、神圣的梦，但人们往往忽略了黎明到来前的剧烈阵痛，以及折腾路上的艰辛和阻挠。折腾创业，风险究竟有多大？什么样的闯荡之路才是最适合我们的呢？那就需要我们了解如何借船方得出海。

成功者的真理：让财富越滚越多

要让财富像滚雪球那样越滚越多，又不违纪害人，爱折腾的人可以从多方面进行思量的。比如树立口碑、积极理财、艰苦创业等优秀的品质，找对了路子，继而迈对了步子，你也会轻轻松松地让财富越滚越多。

要让财富越滚越多，首先要树立你的个人口碑，进而树立公司的形象。通过对我们品德的修炼，对惯例及规范的秉持，逐步积累对自身的影响力。直达到大家众望所归，说这个人很不错。当你的口碑很好，处理问题极其到位，这个时候你的社会资源就非常多，就会有为数不少的人愿意支持你，你的生意也会越来越被他人所照顾，你的才能就能得到最大程度的施展，你的财富也会越滚越多。

要想财富永旺，生意人就要树立对人际关系的长期投资的观念。有些短期内看似不重要的人和事，一段时间后就可能变得很重要。所以精明的生意人要把钱适时地投在人情上面，投在一些比较有能力的朋友身上。人情投资也是你财富雪球的重要砝码。

"任何事情要想取得成功都是不容易的，都是要经过一番艰苦奋斗的！"历经创业之痛的人最终会很平静旧。"不经历风雨，怎么见彩虹。"很多人都是背井离乡从最底层做起，一步一个脚印，无论遇到多大的困难都不轻言放弃，凭着坚持与执着，付出极大的意志决心与成就事业的精神才积累了财富。当有的人在羡慕别人的财富与成功、在自叹命运不济的时候，是否会扪心自问，我们是否闻鸡起舞，是否宵衣旰食，是否默默地在太阳下低头、挥洒着汗水？

美国纽约州有一家三流旅馆，生意一直不是很景气，老板无计可施，只等着关门了事。后来，老板的一位朋友指着旅馆后面一块空旷的平地给他出了个主意。次日，旅馆贴出了一张广告："亲爱的顾客，您好！本旅馆山后有一块空地专门用于旅客种植纪念树之用。如果您有兴趣，不妨种下 10 棵树，本店为您拍照留念，树上可留下木牌，刻上您的大名和种植日期。当您再度光临本店的时候，小树定已枝繁叶茂了。本店只收取树苗费 200 美元。"广告打出后，立即吸引了不少人前来，旅馆应接不暇。

没过多久，后山树木葱郁，旅客漫步林中，十分惬意。那些种植的人更是念念不忘自己亲手所植的小树，经常专程来看望。一批旅客栽下了一批小树，一批小树又带回一批回头客，旅馆自然也就顾客盈门了。

可以说是一批小树拯救了这个旅馆，我们依旧感慨故事中那些创造财富的人物，经典的故事值得你再来回味一番。成功者对待金钱要以一种超然的心态，既要合理的理财，又不能被金钱所套牢。

人们要善于理财，财富才会使你变得更幸福。而一旦变成金钱的奴隶，对我们来说是件最痛苦的事情。所以，犹太父母总是教导孩子，要做以赚钱为快乐之本的人，不能让钱牵着自己的鼻子走。为了赚钱而赚钱的人，永远也不会开心快乐，不会明白自己活在这世上的意义。只有以赚钱为乐的人，开开心心、快快乐乐地赚钱的人，才是最成功的商人，才能赢得他人的尊敬。

项建庭今年刚刚 26 岁，但他从月薪 800 元起步，到如今短短 5 年间，已经拥有 3 套房产，净资产超过 200 万元。而当许多同龄人刚刚开始了解什么是基金的时候，项建庭已是市场中的"老将"了。他投资房产、股票、基金、外汇、黄金等各个领域，投资触角也从中国拓展至美国、欧洲。人和人的财富差距也许就是这样在无形中越拉越大的。难怪项建庭说，差距不过在于面对金钱的态度，投资可以改变人生。

2003 年，当意识到房价上涨加速的时候，项建庭一下投资购买了两套房子，尽管当时面临着巨大的财务压力。这个举动在几年后的今天，更显出他超越常人的智慧。随着房价的上涨，项建庭一跃成为城市中的"有房一族"，资产也因此快速积聚。

项建庭在房产公司从事办公楼业务，因为工作业绩出色，拿到一笔可观的业绩提成。目睹继续攀升的房价，他立即决定把钱花在"刀刃"上——以 80 万元的总价买下 130 平方米的第三套房。

虽然在房产上投入了大量的资金，但项建庭的投资并不仅局限于房产，他的基金理财同样可圈可点。从 2003 年开始，项建庭每有余钱，总是将其分散投资于不同的基金。其中一部分基金，项建庭开通了定期定额，每个月投资 200 元到 500 元不等。这笔钱，项建庭自称是为养老做准备的。

除了基金，项建庭的投资横跨 A、B、H 股市场，这让他能够用更低廉的价格和更国际化的视野，分享中国经济增长的成果。2006 年"五一"长假，趁着去香港地区旅游的机会，项建庭开了个新账户，开始了海外基金定期定额投资。

有人这样预言，下一代的中国富豪将出自那些有智慧、有胆识的投资者当中。因此，想要折腾致富，投资必须先行。更令人欣喜的是，投资适合每一个人，因为我们不可能一辈子打工挣钱，也不可能一辈子创业致富，但却可以一辈子与投资相伴，并最终依靠它来提高我们的生活质量。

当然，有许多人一说起致富，首先跳入脑海的就是一夜之间或是短时间内变成百万富翁。一夜暴富的事情相对于一般人的概率难以估算。那么，作为一个理智的投资者，心里想的应该是通过正常的投资来致富，而不是一夜暴富。

只要我们认真地去研究那些折腾成功的人，就会发现：几乎百分之百的富豪所拥有的巨大财富都是由小钱经过长期投资逐步积累起来的。只要细心地回过头来看一看过去的十年，一些当时条件都一样的人，有一些还在同一间办公室里上班，但十年后的今天，其中一些人富了起来，而另外一些人的经济状况却依旧没有改变。这其中，有许多原因，但一个主要的原因就是对致富态度不同。

有两个人同在一个事业单位上班。甲总是认为"马无夜草不肥，人无横财不富"，五六年前，彩票开始盛行时，他把所有的钱都拿来博彩了，结果到目前为止还是过着"月尾借钱"的日子。但另一位同事乙，他有着正确的财富理念，坚信投资创造财富。在甲还在借钱买彩票的那些年，乙就已经省吃俭用，购买了两套商品房，目前这两套商品房的价值已经增长了近四倍。仅就这两套房产，就成就了一个百万富翁。

把握滚钱的规律，你会活得很轻松。当然，你滚钱的速度违背"慢富"的规律，急功近利，就会适得其反。在折腾的路上走，输赢很正常的，但是创富的人们太渴望成功了，这正所谓"欲速则不达"。滚钱滚得好，还要依赖于正确的心态。

财富悟语

想投资致富的人，必须有一个概念：致富正道是慢富。你学会了滚钱，才会真正地拥有了财富。投资致富不是一个月的事，也不是一年的事，它是投资者一生一世的事。任何一项投资的获利，都需要一个过程。你不会滚钱，钱就会离你而去。在这个过程中，随着时间的推移，财富也就一年一年的不断增长，最后实现财富目标。

第 5 章

别忽略信息效益
——探听一手资讯，耳听八方才能聚财入筐

一个信息可能意味着一个财富帝国的神话即将开启，抓住了你就有可能成功，失去了也就一事无成。聪明的生意人都会睁大眼睛看行情，竖起耳朵听动静，多方设法了解环境，掌握市场和竞争对手的情况。对于信息，要求真、全、快，即准确、全面、及时，只有这样，才能使信息产生巨大的经济效益。

守财，但不做守财奴

那些已经成功的老板们无比自豪地大谈特谈创业如何不易、如何艰难，似乎有点陶醉在成功喜悦里的时候，却全然不知守业难的挑战已悄悄地潜入。折腾事业固然艰辛，但守业同样是一种折腾。赚取财富很不易，但能够将财富守住，也需要一番智慧。做不好守业和守财，稍不留意，它就会大发其难。你通过艰辛折腾创造的财富也将付诸东流，这并不是危言耸听。

守财不是坏事，但是当守财奴就不对了。人们有了财富积累才有动力、有办法、有行动。做一个守财奴，只会局限自己的财富思路。从现在开始，在你"守财"的基础上，你要立即"做梦"，在财富积累的基础上，设定赚钱的大目标：终生目标，10年目标，5年目标，3年目标，以及年度目标。然后制定具体计划，开始果敢的行动。

"创业不易"人人皆知，"守业难"则时常被人作为提示成功者的警语。其实，守业难是一个课题，是一个不可回避而又必须解决的严峻课题。守财很好，但想要折腾得好，就不能当守财奴。

1994 年，属于民营企业宅急送公司成立。到了 21 世纪，宅急送已经从创业阶段转为了守业阶段。从它的发展历程来看，企业在人才队伍、业务流程、信息技术、市场开发、网络铺设等方面都打下了创业的坚实基础，已进入了新的一轮创业。只不过新的创业不是在一张白纸上进行，而是在一定平台上的提升。可以说，宅急送正处在创业阶段向守业阶段的过渡。

他们深知，盲目扩张只会让自己消耗得更快。他们的老总把创业看成守业的继续，把守业看成第二次创业，这应该是企业要达成的共识。

守业的基本前提就是要敢于向已经形成并被大家视为取胜的法宝提出质疑，甚至进行否定。宅急送和竞争对手相比，既没有政府项目，也没有大资本投入，更没有行业巨霸的合营，企业从小到大的法宝只有一个，那就是汇集了一批把快运作为奋斗事业、吃苦耐劳、朴实无华的人才群体。

也就是说，宅急送是靠人才起家的，这群人忠诚厚道，无私奉献，靠精神的力量战胜了许多客观条件不利的困难。在宅急送9年的创业中，人的因素应该说被发挥到了淋漓尽致的程度。面对这个充满物欲的时代，有多少人会相信精神的力量，又有多少企业能使从业者以司为家、忘我工作呢？宅急送的人做到了。

宅急送赖以生存的人才法宝，如果长期信奉至上，这个"法宝"势必要发生异化；势必要麻醉我们，使我们不清醒；势必要阻碍我们未来的发展与进程。

随着客观条件发生了变化，快递客户对快递公司的要求已不再满足物品的提取送达，物流方案的筹划、个性化服务的要求愈演愈烈，物品已不再局限24小时内速递，配送范围逐步向地县级城市延伸；网络的连线，基地集中分拣，使货物的吞吐量成倍上升。在创业的基础上坚实的守业，也正是保持财源不断的砝码。

作为一个在快递行业充分立足并形成稳定客户群的公司来说，坚守自己的事业阵地，远比没有目标的折腾要好得多。折腾出成绩，就必须紧跟客户及市场的变化，及时地对自己作出调整，在已经有的平台上充分利用自己的资源，做好市场的开拓，既守了财，也拓宽了财路。

一棵草一棵草连成大草原——大草原知道一棵草的价值，并珍惜每一棵草。一分钱的价值，正好比一棵草的价值一样，勤俭持家的慈母最清楚。

20世纪20年代的经济大萧条冲击着整个美国，也冲击着沃尔顿一家，沃尔顿过着居无定所的生活。拮据的家境迫使他从七八岁就开始返销推销杂志以筹措学费及补贴家用。或许是这样的经历，使沃尔顿对钱的价值有深刻的认识，直到后来成为美国首富，他和家人还是驾着一辆老旧货车在沃尔玛连锁店购物，他依然恪守珍惜每一分钱的原则，和家人过着平凡的生活。他重视守财，重视每分钱的价值。他说："我们重视每一分钱的价值，因为我们服务宗旨之一就是帮顾客省钱，每当我们省下一块钱，就赢得了顾客的一分信任。"为顾客省钱就是为顾客守财，以低于竞争对手价格、优于对手的服务去赢得顾客的青睐，这可以说是沃尔玛连锁网络迅速扩张的首要原因。

会折腾的高手与不会折腾的人的区别就在于：同样的收入，前者不仅会让生活过得有声有色，还能在获得财富增值的同时实现自己的成就感。而后者在赚钱不久后一盘点，自己的财富所剩无几。因此，就算你不想折腾，每个月只有低微的工资，只要精心打理同样能有丰厚的回报。那还等什么呢？那就立即行动做个精打细算的理财派吧！

现实是，我们的 CPI 已经跑过了一年期的定存利率，对于身处负利率时代急着要理财的人来说，守财可能是打理家财的关键步骤。

会折腾就要会守财，但"守财"不是一个人的问题，近年春晚小品有句流行语：婚前要彩礼，婚后要理财。不管是生活在同一屋檐下的小两口，或者已经步入"过日子"阶段的恋人来说，由于性格、教育、经历的不同，双方对于如何打理财富、如何进行投资都有着自己的风格和判断。但不管是事业还是家庭，把握好自己在财务管理中的角色，让你的钱保值甚至增值，这是最重要的。

财富悟语

> 有人做出这样的守财宣言，即"不浪费，不消费，总之没花费，狂挣钱，狂攒钱，努力钱生钱"。会折腾首先是让财富保值，我们不必做守财奴。会折腾的人一定是个会理财的人，他能够清楚地知道自己的每一分钱花得是否有价值，自己的投资是否值当，当危机来临时，他的守财为他提供了一个最佳的避风港湾。

玩转了信息，"危机"都是"良机"

越来越多的人走进创业大军，他们对未来充满了期望。然而，在打拼的初期，很多人都期待着能赚更多的钱，期待能让自己或者公司变得强大，在竞争中将对手打败，更想尽快建立连锁公司，扩大公司规模。然而，这些想法往往是将自己和企业陷入困境的主要原因。个人在发展中遇到瓶颈，首先在于信息不畅。

信息对那些闯天下的人来说显得多么重要。当今社会，如果你掌握了很多技能，比如计算机应用水平、英语会让你找到好工作，但获取信息的技能却能让你发财致富。这就需要我们能意识到信息的重要性，能有效地、高效获取信息，能客观地、批判地评价这些信息，能准确地、创造性地利用信息，能有效地组织信息，具有很强的信息安全意识和知识获取能力。信息社会的生存能力很大程度取决于信息和个人素养，只有具备及时获取信息、把握动态、分享知识、解决问题的能力，才能抓住机遇，才能迅速适应新职业的技术需求，才能在你的折腾过程中充分展示和发挥自己的才华，实现自我的追求和价值。

现代经济生活中，信息的作用越来越大，已经成为市场竞争的重要手段。掌握了信息，危机也能被我们转化为良机。对于一个想通过折腾创富的人来说，信息的重要性更是不言而喻。缺乏信息，即使有了资金、厂房、物资和能源，你的公司运转也会十分困难，因为企业没有生命力。因而，信息是最重要的资源，谁占有的信息多、拥有的信息准确，谁就有了权威，谁就有了改变危机的秘方，从而掌握了折腾制胜的先机。

在淳朴小镇长大的黄伟，打小就是一个爱折腾的人。他仅用了13年，就把自己那个当初只有3个人、3万元的小公司，"折腾"成拥有在编员工400人、12家子公司的大型企业集团。在深圳市福田区2004

年表彰的纳税百佳企业中，黄伟的深圳市新世界集团就有两家公司榜上有名。

黄伟于 1983 年参加工作，先后干过多种职业。或许正是由于这段复杂的工作经历，让黄伟练就了一张善于与人交流的嘴巴、善于倾听的耳朵和善于观察的眼光，日后，他就是凭着对新信息的把握而不断创造着财富。

1991 年，黄伟调到了深圳的深房集团，在南洋商场工作一段时间后去了万科，1991 年 10 月决定自己单干。1993 年的 3 月，他在宝安成立了新世界实业公司。初创业时，他的积蓄并不多，公司只有 3 万元和 3 个人，在宝安龙华做房地产销售代理。凭着一张能说会道的嘴巴和诚信，顾客们都非常信任他，不仅自己买楼，还介绍亲戚朋友都来买房。因为当时的销售形势异常火暴，他挣到了一大笔代理费。黄伟高兴得合不拢嘴，这是他人生中的第一桶金。随后，黄伟又在宝安尝试性地开办了酒楼、酒店、歌舞厅、建材公司，以及做了一些小规模的地产开发活动，但都不成气候，而且很不成功，甚至引来了十几个官司。曾经有一段时间，黄伟几乎是天天上法院。这一段经历，给黄伟留下更多的是不愉快的记忆，不过，也让黄伟日后深深地记住：企业经营中应该有风险防范意识，要对信息作准确的把握，要做自己熟悉的事情。

在黄伟的商战生涯中，真正起家是在挥师梅林之后。而促使黄伟毅然将公司从宝安搬到梅林、决心从事房地产开发的缘起，竟是一个深圳的士司机的一席话。1994 年的一天，在一次打的途中，黄伟与的士司机的闲聊让他深受启发。这位司机虽然来深圳已经很长时间了，但因为房价太贵一直没有买房。黄伟问："如果房子总价只要十来万，面积 30 多平方米，每平方米单价在 3000 元到 4000 元之间，首期只要两三万元，你会买吗？"司机师傅说当然会买。于是黄伟投身小面积住房，赚到了财富。

深圳的变化日新月异，黄伟那双锐利的眼睛也开始捕捉到一些不易为人发觉的新变化——罗湖区的堵车现象越来越严重，原来居住在那里的一些富人和白领开始向福田区移居，世界大的公司和财团也纷纷落户深圳……这些现象汇总起来，预示着福田正在成为深圳人工作和生活的新重心，那么，相应地，福田应该有与之相配套的高档写字楼。2000年，深圳市政府关于福田中心区的新规划浮出水面。但是当时许多商人有点拿不准，都不敢动。但是黄伟发现，位于新规划中的福田中心区有一座高档商住楼——江苏大厦已经拔地而起，新的市政府大楼也开始破土动工。不能再等了，黄伟当机立断，买下了离江苏大厦不远处的一块地。如今，一座60层的高档写字楼成为福田中心区的一道亮丽的风景线。

黄伟通过对信息的准确把握创造了自己的财富神话，黄伟的几次投资可谓充满了风险，稍有不慎就会将多年的财富积累付诸东流。但是，他对信息的敏感并不是天生的，是一种对自己负责的责任感和使命感让他认真搜集和分析这些看似平常的信息，在做过一番思量分析之后，才大张旗鼓地去投资。玩转了信息，再大的风险也不在话下，风险就会变成良机，让他的投资回报更高。

不可否认，在现代社会里，我们获得信息的渠道越来越广泛，除了报纸、广播、电视等传统渠道，互联网、手机以及目之所及的户外大屏幕等新型渠道的加入，让人们获取各类信息的途径不断增加，使得人们在社会上折腾时更有目标性。随着人们对信息重要程度的认识越来越普及和深入，信息垄断被打破，大量的信息被人们所共享，敢于折腾的人们从信息中找到商机从而发财致富，也有的人在危急中通过信息而转危为安。

但我们不得不面对的一个问题是，同样的信息为什么有的人可以拿它做出很好的文章，折腾出一番事业，而有的人则听了、看了就过去了，一点痕迹和波澜都没有留下？其实两种截然不同的结果反映的正是信息的一个最大特点，即知晓它的人们先有事实信息，后有价值判断，对于同样的信息，每个人都有自己的价值判断，看信息对自己的折腾行为是否有价值意义。玩转信息，不仅要掌握信息，还需要有一颗善于判断和利用的心。

玩转了信息，你就会别样不同。在复杂动荡的国内外经济形势下，很多人通过各种渠道对各种相关信息都很关注，人们也掌握了许多事实信息，但每个人对这些信息作出的价值判断却不尽相同，会有人从这些信息得出令己悲观、失望的结论，而有些人则将这些信息筛选、归纳、分析和总结，为自己和企业找到了一条在逆境中生存发展的光明大道。玩转信息你就会拥有财富，这要求我们尽可能地收集信息、分析信息，从而将信息变为财富。

财富悟语

无数的经验和实践告诉我们，折腾前必须以事实信息为基础，才能作出正确的价值判断结果，特别是在当前瞬息万变的经济形势背景下，只有更多地占有有价值的信息，做足对这些信息的收集、整理、归纳、分析工作，我们做事时的判断才有依据和保障，我们应对市场的能力才会增强。

"乱"中折腾有商机

生活中有很多"乱象丛生"的事件，有的人从中受难，有的人从中获利，只要我们认真对其分析，就会对我们的折腾和投资有所帮助。危机意味着商机，如何把握住这样的商机，就要求我们在平时认真学习，努力工作。混乱来临时，自己不慌神，还能发现商机，这是我们折腾事业最有利的契机。

如果说"商场即战场"，商人们该怎样权衡风险与机遇呢？其实"乱"中也能有市场、有商机，几乎每一次危机的本身既包含导致失败的根源，也孕育着成功的种子。发现、培育以便收获这个潜在的成功机会就是危机管理的精髓。相应地，习惯于错误估计形势并令事态进一步恶化，则是不良的危机管理的典型特征。

请看下面的故事。

新世纪初，战后的伊拉克社会动荡、满目疮痍，但周毅雄不怕战乱给自己带来麻烦，坚持去了伊拉克，以寻找战后伊拉克重建的商机。

初到伊拉克，他凭借一口熟练的阿拉伯语，找到了一家巴格达能住宿的旅馆地址。周毅雄来伊拉克主要是推销水泵和发电机。这两样东西正是当下伊拉克最紧俏的商品。因为战后伊拉克的基础设施还没有得到恢复，特别是水电供应中断，而企业开工和家庭生活都离不开水电，因此水泵和发电机的市场前景很好。周毅雄每天一早出门，雇一辆出租车开始在巴格达大街小巷寻找这些产品的伊拉克经销商。来巴格达不到10

天，已有客户向他订购 1 万台水泵。而且，他还和很多其他客户建立了联系，这为以后开拓伊拉克市场打下了基础。

44 岁的周毅雄雄心勃勃。他对朋友说，这次他孤身一人进入伊拉克虽然冒着很大风险，但收获也很大。他发现，时下的伊拉克正是百废待兴，什么都需要，市场很大。虽然目前这个国家刚刚打完仗，老百姓的消费能力还很低，市场也很混乱，街上有些偷来卖的水泵价格比他提供的价格低很多，但他认为，这只是暂时现象。

从长远看，中国公司和企业在伊拉克还是大有可为的，如果不尽早进入伊拉克，就会将商机拱手让给外国公司。据报道，已有很多美国公司准备进入伊拉克。伊拉克周边一些国家已是"近水楼台先得月"，这些国家的商品正如潮水般涌进伊拉克。伊拉克目前没有海关，国门大开，因此进口税可以省掉。周毅雄说，他回去后，将立即组织货源。同时，他将说服公司老总在巴格达开设办事处。

周毅雄作为一个敢于折腾的创富者，将生意做到了战乱未息的伊拉克，当我们站在"发展"的角度，对事件进行重新梳理的时候发现："乱"的背后其实也蕴藏着大量商机，就看你有没有眼光和胆量去开发它，虽然这些机会可能被"埋"得很深。但一旦被发掘出来，它将会为你带来巨大的财富。

1973 年，金利来公司刚成立三年，香港地区由于世界经济的不景气也出现了严重的不景气。由于投资减少，消费乏力，市场疲软，各大百货公司都纷纷减少进货，逼迫领带行情跌落，许多厂家都采用大降价的策略急于将领带出手。一时间，香港地区市场上价格的雪崩，厂商纷纷叫苦不迭。

面对这种困难局面，金利来有两种选择：第一，跟随潮流，降低售价，通过出让一部分利润来保住市场占有率，但这样做容易给人一种"金利来产品也不可靠"的印象。第二，保持原价不变，宁肯丢掉部分市场，也绝不丢掉"金利来"品位高的牌子。

董事长曾宪梓权衡利弊，果断地决定走后一步棋。于是，他利用市场疲软的机会，廉价租来了各大百货公司的柜台，派人去设专柜推销自己的产品。他利用同行进货减少、品种不齐全之机，增加花色品种，提高领带质量，而价格一分也不降，从而给人一种货真价实、铁价不二的印象。

面临市场的乱象，采用这一决策无疑需要果断的决策胆量，需要极大的勇气。这样一来，金利来的身价增加了，经济危机过后，金利来更是成为名牌产品的象征，市场的份额更大扩大了。

市场越乱，决策人的思想和定位决不能乱，否则就会陷入乱象的泥沼里不能自拔。"乱"从表面上看是一种危机，但对于精明的商人来说，更是大展宏图、折腾一番的商机，金利来的决策者没有盲目跟风保住来之不易的市场份额，而是趁机租下柜台推销自己的产品，自己的品牌定位丝毫未变，经历了经济危机，金利来的品牌深入人心，市场份额反而更加扩大了。

在瞬息万变的现代社会中，掌握有效的管理或是避免危机的管理技能和方法，对正在折腾的人的生存和成功是至关重要的。乱中不能慌神，而是要抓住商机，处理好商业环境中的一些困难情况、危机和其他敏感问题的最新理念，对于我们更好地去折腾有着一定的借鉴意义。

财富悟语

　　创富者在"乱象"当中千万不要迷失了自己，而要积极地发现危机的"全貌"，还要历练出凌驾于危机之上清晰透视危机现象的"慧眼"，发现并创造采取积极应对危机、及时化险为夷的机会，拓展我们从危机中获利、乱中取胜的创新思路，才会不被乱象打败，获得平常人难以企及的财富。

顾客是"上帝"，摸透顾客的需求

　　吃透了顾客，你就赢定了财富。"顾客是上帝"这是一个形象的比喻，说明了一个创造财富的真理。无论你有何种了不起的能力及相关产品，如果顾客不来消费，你想赚钱的目的就无法实现，因此就要摸透并满足顾客的需要，你的折腾路上的财富就会挡也挡不住。

　　折腾也讲究精细化营销，对顾客进行细分，找到让自己折腾成功的那些顾客，你就大有可为。很多精明的商家对每个顾客群的认识日深，则对于他们所代表的财务机会更能够精确衡量，也可以更有效地衡量各营运项目的资产运用，通过评估每个细分市场的投资回报率，并与其他市场做比较，就可以制定出日后的绩效目标，使各项业务的全部潜能得以充分发挥。折腾时先要了解客户的需求，你才会知道客户需要什么，你才能更好地更贴切地为客户服务，让客户满意，取得意想不到的额外收益。只有客户满意，你的服务、你的产品才能更好地打开市场，才能有稳定的客源，客户很满意，会一传十十传百，这样慢慢地下来，你的折腾事业就会越做越大！

折腾的过程里，我们的服务假如让客户非常满意，有时候就会收到意想不到的帮助。当我们遇到困难和麻烦，如果这个客户有这个能力、有这方面资源，相信他也十分愿意帮助我们解决问题！会折腾的人首先会了解客户需求，与客户产生共鸣，让客户死心塌地追随我们，这是折腾事业的完美境界！

一个叫张冰清的市场营销专业的应届毕业生找工作，第一轮笔试60人，第二轮笔试30人，面试的是9个人，面试前人事主管对这9个人说：或许从你们9个人招5人，或许一人都不招。面试他们的是营销部的经理，秘书把他们9人带到经理面前，经理正在玩网络游戏，经理对他们说："我玩累了，你们去给我倒杯可乐来（面试开始了）。"秘书把9人带到咖啡间，那里有百事可乐和可口可乐，还有矿泉水，杯子是很大的。其他8人马上动手倒可乐，只有张冰清一人返回营销部，怯怯地问经理："请问您是要喝百事可乐还是喝可口可乐，还有要喝多少？"经理微笑着对她说："我要喝半杯，一半矿泉水，一半可口可乐。"结果只有张冰清一人被录取了。经理对其他8人说："我只说我要喝可乐，并没有说要喝哪种，也没有说要多少。如果你们在以后的营销工作中连客户的需求都不知道，是不是会随便向客户介绍产品？"

从这个求职故事中，也能看出了解"客户"的需求是何等重要，它能让应聘者入考官的"法眼"，让一个想折腾的人敲开他的财富之门。很难想象，一个不了解客户真正需求和自我推销的东西，他如何做到创造需求及增加收入？平常工作中，我们会见到很多销售人员，但个别销售人员不但不了解客户的需求而且连自己要销售的产品基本性能都不知道。比如，有人打电话推销流水线或是工作服，对方回答说他不负责，这名销售员会反问说你不是采购部吗？如果打算向一个公司推销产品，最起码要对这个公司有所了解，而不是很唐突、很贸然打电话，这样只会浪费大家的时间。还有些推销人员推销的虽然是客户需要的东西，但是当客户问他们的产品能不能满足一些性能的时候，结果是一问三不知。这便是不了解客户需求，也不了解自身的优势，谈何创富呢？

会折腾的人首先要会了解客户，时刻能钻到客户的心坎里，进而满足他们的需求。在销售工作之外，大家都会有"客户"，那就是我们的下道工序，如果我们主动去了解"客户"的需求，我们的工作会事半功倍；对于打工者来说，老板或上司是我们最大的"客户"，如果我们在平时的工作中主动去了解这个"客户"的需求，那我们在这个公司会"活"得更好、更久！对于折腾的人来说，了解消费者的需求，则会为他创造大量的利润。

在日常生活中，我们要学会提问题，旁敲侧击地了解顾客的需求，我们才会有发展的希望，所以我们要把自己锻炼成一个提问的专家。因为只有通过提问我们才能了解顾客内心的需求，只有了解了他们的需求，才能挖掘需求，掌握主动来引导销售。你不了解顾客需求就卖产品，那这样的折腾只能属于是瞎折腾。从事过销售的人都知道，产品不是靠说卖出去的，而是靠提问卖出去的。同样，折腾财富不是瞎折腾就能成功，而是靠提问题推销我们的产品而成功的。如果不知道提问，不会提问，会错过很多发展的良机。

有这样一个发生在农贸市场里的小故事，让我们能深刻体会到了解顾客赚取财富的魅力。

一位老太太到市场买李子，她遇到甲、乙、丙三个小商贩。

小贩甲："您买我的李子吧，又大又甜，特好吃。"

老太太摇了摇头走了，小商贩甲觉得很奇怪。

小贩乙："您看，我这里国产的、进口的什么样的李子都有，您想要什么样的李子？"

"我要买酸一点儿的。"

"老太太，您算找对人了，我这筐李子你尝尝，酸得咬一口就流口水，不酸不要钱。"

老太太一尝，满口酸水："来一斤吧。"

到了小贩丙那里，小贩丙没着急推销，反而问："老太太您可真有意思，别人买李子都要又大又甜的，您为什么要酸李子呢？"

"我儿媳妇要生孩子了，想吃酸的。"

"哎哟，您可真是个好婆婆！"小贩丙马上赞美老太太对儿媳妇的关心，接着又说，"俗话说，酸儿辣女啊，您老人家恐怕要抱大胖孙子啦！要让儿媳妇使劲吃酸的。"

老太太听了这话心里乐开了花，小贩丙又说："我的李子特酸，您要是想抱大胖孙子，买我的没错儿。"老太太一高兴，就又买了两斤。

小贩丙又建议："孕妇特别需要补充维生素，猕猴桃含有多种维生素，有'维丙之王'的美誉，特别有益于孕妇和婴儿健康。"一想到为了儿媳妇和大胖孙子的健康，老太太二话没说，马上就买了两斤猕猴桃。

最后小贩丙说："我天天都在这儿摆摊，您儿媳妇要是吃好了，您再来我给您优惠。"最后老太太高高兴兴地走了。

虽然这是一个销售故事，但很值得回味。它告诉我们，要想让顾客照顾自己的生意，必须用智慧了解顾客的需求。同样卖水果的三个小贩，第一个不问顾客需求，所以顾客走了他还觉得很奇怪；第二个简单问了问，所以只是简单地满足了顾客的需求，卖了 1 斤李子；第三个完全不同，不仅通过提问了解了顾客的现有需求，知道买酸李子的原因是因为儿媳妇要生产想吃酸的，还深度挖掘了顾客需求，那就是为了孕妇和大胖孙子的健康，还要补充维生素，大人和孩子的健康可是头等大事，所以老太太虽然已经买了李子，但是通过小贩丙的提问挖掘需求，反而又买了 2 斤李子和 2 斤猕猴桃。这就是问问题的魅力。

通过适当的观察和发问，帮顾客理出头绪，我们就能了解到贵客的现实需求和潜在需求。顾客在说话时，我们要有耐性，不管爱听不爱听都不要打断对方，可是适时地发问，比一味地点头称是或面无表情地站在一旁更为有效。一个好的倾听者既不怕承认自己的无知，也不怕向顾客发问，因为他知道这样做不但会帮助顾客理出头绪，而且会使谈话更具体生动。为了鼓励顾客讲话，导购不仅要用目光去鼓励顾客，还应不时地点点头，以表示赞同。例如："我明白您的意思"、"您是说……"、"这种想法不错"，或者简单地说一声"是的"、"不错"等。

摸透顾客的需求，我们才能把握住消费者真正的消费动机，从而为我们的决策提供正确、及时的信息。从倾听中，我们可以了解顾客的意见与需要。顾客的内心常有意见、需要、问题、疑难等等，我们就必须让顾客的意见充分发表出来，从而了解需要、解决问题、清除疑难。我们还要善于挖掘顾客潜在的信息，在我们了解到顾客的真正需求之前，就要找出话题，让顾客不停地说下去，这样不但可避免听片段语言产生误解，而且我们也可以从顾客的谈话内容、声调、表情、身体的动作中观察、揣摩其真正的需求，以对我们的判断提供更加翔实的根据。

财富悟语

要想折腾得好就要注意平时对自己的锻炼。听别人说话也是一门艺术。我们在平时同朋友、家人、服务对象交谈时，都可以锻炼我们提炼信息的能力。掌握好倾听技巧，慢慢地就可以使倾听水平有很大的提高，而且也可以从倾听中掌握很多有用的信息，从而让我们越折腾越有方向。

学会计算，赢利不断

要想折腾好，首先要在内心迅速地权衡利弊，才会做出正确的判断。生意的本质是低买高卖，一个不会盘算自己成本的人，是不会通过计算抬高自己的生意价格的，基本上做生意没戏。计算得好，能让你人缘倍好，让你的经营赢利不断，让你的折腾越闯越成功；不会计算，吃亏等倒霉事就会陪伴你了，更谈不上发家致富了。

会折腾首先要会计算，计算不到，自己就会跟着吃亏。计算的能力是一个人做生意最基本的能力。计算能力不仅仅是指计算数字的能力，一个计算机或数学博士往往在商场上计算不过一个没有文化的但有经验的生意人，这是非常正常的。

计算包括人际关系、商业经营等，你的计算能力决定着你的事业的高度。虽然计算的能力首先是对数字的敏感与心算的能力，但是这种能力有时基本与文化素质、数学能力的关联并不是很紧密。

刚毕业的李平给一个刚刚起步做县级房地产生意的小建筑包工头做房地产策划，做市场调查时碰到一个小学没有毕业的修车老板，他要买李平他们策划地盘的 1/16 比例的商业用地，并要求李平等当场报价。本来从一个长方形土地切 2 个相连的小长方形土地，是一个连初中生都会算的简单的数学题，但因为涉及每条边的价值不一样，临街与不临街的土地面积价值不一样，十字路口的土地价值又不一样，各种转让费用也要考虑，对整个房地产项目利弊因素也要考虑。简单的计算题一下子复杂起来。李平和他的合作伙伴 2 个大学生花了整整一天时间研究才算出报价来。

李平一伙打电话给老板打电话请示，老板沉吟一下，给出了一个最合理但最生意化的算法，就报出合理的价格，而且考虑到税、公关成本等很多因素，而且与修车老板、李平他们的报价大致相一致。两年后这个包工头已经成为这个省的房地产亿万富翁，那个修车人也成为当地最大汽车修配厂的千万级老板。

还有一次，李平他们策划一个招聘网站与中国最大的现场招聘会进行一次全方位的合作，还拉进南方最大报纸招聘，三家企业合作联合销售一个招聘产品。由于涉及三方利益、业务员提成、竞争对手价格等众多因素，招聘会举办在即，时间紧，李平和同事们加班用了一晚上考虑各种因素才计算出报价来。第二天他们踌躇满志地与那个招聘会老板谈判时，那老板想都没有想就报出了三方都可以接受的价格，并证明李平他们那些国外硕士、大学高才生们的报价是错的且不合理的。

这个故事中老板和修车人给李平的震撼很大，那就是因为作为"专业"的自己和伙伴们搞了一天才计算出的数据，被老板片刻间就"计算"了出来，而同样是商人的修车人计算的结果也不相上下。正是因为这种老道的计算，让他们在数年间就成了大富翁。一个想折腾的人，如果做不好自身财富额的收入支出比，对各项数据做不好"计算"，他就很难赢利，更别说折腾成功了。

在网上出名的那个计算机会成本的上海的士司机，其成功核心的精髓就是计算能力：计算时间成本、计算等候机会成本、计算汽油成本、计算不同人群等。

会折腾就要锻炼自己的计算能力。不会计算、不愿计算、不能计算可能让自己吃亏，折腾不愿意计算，你就可能失败。没有计算能力，就不要去折腾去做生意。

做生意时需要计算能力，社交更需要计算能力。有人可能会说我自己的生意自己的血汗钱，我当然愿意去认真地计算，但你真的具备计算的能力吗？

会折腾就需要你会计算。判断你是否会计算，一个评判标准就是：假如你去逛商店，如果你觉得什么都便宜，那说明你离一个有成功潜力的生意人还有些距离；如果你不仅对所有东西脱口而出"太贵了"，而且是发自内心觉得所有东西都贵，并且你有还价、促使降价的冲动，那你想折腾一番的能力还是可以的。对成本压低、利润最大的孜孜不倦的追求，是生意人的特点，你要觉得永远都有最低的成本。这是一个老板应该有的态度，如果你这个老板都觉得这个价格差不多了，那你的折腾事业就会很难有起色，你也就很难赚到钱。

财富悟语

计算是一个成功的商人应该具备的品质。对小生意来说，通过计算省的钱就是赚的钱，斤斤计较是必须的，并且一直要坚持这个原则，只要你心软一次，以后你和别人生意谈判时就会不断让利，直到你失败为止。想折腾但不会计算的人，那么成功也会与你绝缘。

有虚有实，折腾也要以智取胜

学会变通的方法，灵活地想问题，你的折腾将是智慧的。创造性思维要求人们灵活变通地对待事物的变化。人世间每一件事情都有它对应的解决办法，只有提高应变能力，才能适应飞跃发展的社会。学会摔跟头，学会在摔跟头的过程中妥善调整自己，然后再从原地爬起来。谁能在创新道路上走得最快最稳，谁就能搭上财富直通车。

爱尔兰作家萧伯纳说："明智的人使自己适应世界，而不明智的人只会坚持要世界适应自己。"因此，会折腾就要学会变通，学会在虚实中转换。变通是天地间最大的智慧，是才能中的才能、智慧中的智慧。此路不通，就会懂得变通。

让折腾多转个弯，人生不必有那样多的执着，既然前面的路行不通，那就走路边的小径吧！拥有自己的思路，才有宽广的出路，人云亦云是相当危险的。学会变通，有些事情不值得力求完美，而有些事情必须妥协、折中。

而现在这个社会，可以说是瞬息万变的，如果墨守成规，恐怕迟早要被淘汰。而聪明的人，能很快地适应现在的环境，但大部分人，却依然固守着自己的老传统。因为害怕付出代价，而错过了无数可以改变生活的大好机会，而这些机会，是不会再来的。

其实，规则是掌握在我们自己手里的。虽然规则是约定俗成的，但并不是没有别的方法和方式，如果不知道改变，只一味地遵守规则，是注定要落在别人后面的。不过，规则也是有存在的意义的，超出了允许的范围，是肯定要受到惩罚的。学会变通，而不是主观的臆断，才是真正的成功之路。

随机应变、灵活变通是一种智慧，这种智慧让人获益匪浅。在处理问题时，我们总是习惯性地按照常规思维去思考，如果我们能像孙膑那样，学会灵活变通，那么你会发现"柳暗花明又一村"。

学会变通，是做人做事之诀窍。变通，就是以变化自己为途径，通向成功。哲学家讲："你改变不了过去，但你可以改变现在；你想要改变环境，就必须改变自己。"

一位印度商人带着 3 幅名家画家到美国出售。有位美国画商看中了这 3 幅画，印度商人开价 250 美元，少一元也不卖。这个美国商人也不是市场上的平庸之辈，他一美元也不愿意多出，便和印度商人讨价还价起来，一时间谈判陷入僵局。

不一会儿，只见印度商人怒气冲冲地拿起一幅画往外走，二话不说就点燃烧掉。美国画商看着一幅画被烧非常心痛，他小心翼翼地问印度商人剩下的两幅画卖多少钱，想不到印度商人这回要价更是强硬，声明少于 250 美元不卖。

少了一幅画，还要 250 美元，美国商人觉得太委屈，便要求降低价钱。但印度商人不理会这一套，又拿起一幅烧掉。这回画商大惊失色，只好乞求印度商人不要把最后一幅画烧掉，因为自己实在太爱这幅画了。

接着，他又问最后一幅多少钱。想不到印度商人张口竟然要 500 美元。美国商人急了，他强忍着怒气问："一幅画怎么能超过 3 幅画的价钱呢？你这不是抢钱吗？"

印度商人回答："这 3 幅画出自名画家之手，本来有 3 幅的时候，相对来说价钱可以便宜些。如今只剩下一幅了，这回可以说是绝世之宝，它的价值已大大超过了 3 幅画都在的时候。因此，现在我告诉你，如果你真想要买这幅画，最低得出价 500 美元。"

美国画商一脸苦相，最后只好以这个价钱买下了那幅画。

折腾不是蛮干，折腾也要讲究智慧。在做生意的过程中，应用虚实结合的智慧会让你更多地赚取财富。印度商人抓住了那位美国顾客的心理，将买卖的主动权牢牢掌握在自己手里，毫不吝啬地将画烧掉又不断涨价，从而"逼迫"顾客主动成交，让对方放下包袱。

折腾的路途上，有虚有实才会让我们更有魅力。一种高明的办事策略就是对待任何事物，想要收缩它，必先使其扩张；想要削弱它，必先使其坚强；想要废弃它，必先扶持它；想要夺取它，必先给予它。这样的游戏规则是：要想得到好处，就先给予对方一些恩惠，让他尝到甜头正高兴时，你乘机提出你想要的目标，这样定能心想事成。因为正在此时，对方心情好，又在"受滴水之恩，定当涌泉相报"的心理驱动下，你的要求就不难达到。

清朝有位富商新盖了一处庭院，豪华富丽，美中不足的是缺少文化气息。有人建议富商在墙上挂上几幅郑板桥的字画以衬托一些高雅气质，商人一听，觉得有点道理，于是就去求见郑板桥，却几次被挡在门外。

商人发誓要寻到郑板桥的几幅字画。他安排手下人四处打探郑板桥的生活习惯和各种爱好。手下人打听到郑板桥爱吃狗肉，商人决定从这件事上入手，让郑板桥替自己办成这件事。这天，郑板桥出来散步，忽然听见远处传来阵阵琴声，循声而去，发现琴声出自一座庭院。郑板桥推开虚掩的大门，发现一位老者在奇石林立的庭院里正抚琴而吟。他顿时像遇到了知音，走进院里。

老者看见他，热情让他入座，两人谈诗论琴，颇为投缘。少顷，只见两个仆人捧着一壶酒、一大盆烂熟的狗肉，送到他们面前。一见自己最爱吃的狗肉，郑板桥就毫不客气地大吃起来。吃完后，郑板桥对老者说："今天能与您老萍水相逢，实在是三声有幸。为了感谢您的热情款待，我画几幅画，聊表心意。"老者闻言，立即转身找来纸笔。郑板桥画完，又问老者的名字，老者报了一个，郑板桥觉得耳熟，可又想不起来是谁，最后还是在落款处题上"敬请雅正"。看着老者满意地笑了，郑板桥这才起身告辞。

第二天，郑板桥亲笔画的几幅字画就被商人挂在了自家的客厅里，前来欣赏的宾客们原以为他是从别处高价购买来的，但一看到字画上都有他的大名，这才相信是郑板桥先生特意为他画的。大家都佩服富商的手段高明。

聪明的富商没花一分钱，就得到了大师的佳作，让人很佩服。商人之所以富有，在于他不仅敢折腾，还能凭借智慧取得胜利。现实中，有实有虚会让人白手起家，也会让人走出困境，取得成功。

虚实结合、灵活变通对我们的折腾大有益处。变通能让我们人生的征途上少走很多的弯路。无论对内变通或是对外变通，可以学会变通就是好，当我们遇到困难的时候，都必须变通。因为，客观情况在不断变化，我们必须适应形势的发展。假如你陷入了困境，不要消沉、不要焦虑，有实有虚，折腾才能理智取胜。

财富悟语

　　带着折腾的心踏上创业之路，智慧就会如影随形。无数的商业实践都证明，商场上并非置对手于死地，巧妙地化解会让人更高一筹。现代的商业社会从竞争走向竞合，无论自己有多么大的竞争优势，有实有虚地灵活应用，才能让自己活得安全并赢得财富。

第 6 章

无限风光在险峰

——练不出胆子，就别指望成功

俗话说"一胆、二力、三功夫"，从那些世界首富到华人首富，再到近年来国内轮流坐庄的财富英雄们身上折射出的成功经验，准确地诠释了成功商人所需的基本素质：胆识！有胆识的人才会成就大事！有胆识才会挣大钱！如果你不甘于平凡的生活，想要登上顶峰览遍万物千景，那你就努力练就自己的胆子！

赚钱就是一场勇敢者的游戏

折腾出一番成就是勇敢者的财富，摆在梦想者面前的，是一条前途光明而又布满荆棘的漫长道路。只有将勇气、理性与智慧集于一身者，最终才能取得事业的成功，成就人生的辉煌。亚里士多德将勇气描述为：以恰当的方式，在恰当的时间克服、控制自己的恐惧心理。勇敢者会挑战面前的一切困难，勇往直前，最终赢得了财富。

想要尽早地获得财富，我们就要敢作敢为敢折腾，下决心为实现自己的目标而不惜付出一切代价。这个过程需要极大的勇气，而只有勇气能帮助人获得成功。丘吉尔曾经说过："勇敢是所有美德中最重要的一条，因为它是其他美德的基础。"懦弱者常常错过机遇，因为他们不习惯迎接挑战。他们从机遇中看到的是风险，而在真正的风险中，他们又看不到机遇，因此，财富就远离了他们。

真正赚到钱都有一个过程，如果说它由两部分组成的话，迈出第一步就是第一部分，切切实实采取行动，义无反顾地朝着自己的目标迈进；下一部分就是坚持到底，决不气馁，愿意比他人奋斗的时间更长。一旦朝着自己的目标进发，就要下定决心不达目的誓不罢休。在竞争的比拼之中，最勇敢无畏、不屈不挠的人几乎无一例外地都赚到了财富。

赚钱是一场勇敢者的游戏，你有足够的勇气就可以收获意想不到的东西。如果你是个不安于现状或对某个领域感兴趣的话，可以以勇敢无畏的精神去挑战财富，一定会做出一番事业的。因为只要付出你的勇敢，成功就并不像你想象的那么难。

1965 年，一位韩国学生到剑桥大学主修心理学。在喝下午茶的时候，他常到学校的咖啡厅或茶座听一些成功人士聊天。这些成功人士包括诺贝尔奖获得者、某一些领域的学术权威和一些创造了经济神话的人，这些人幽默风趣，举重若轻，把自己的成功都看得非常自然和顺理成章。时间长了，他发现，在国内时，他被一些成功人士欺骗了。那些人为了让正在创业的人知难而退，普遍把自己的创业艰辛夸大了，也就是说，他们在用自己的成功经历吓唬那些还没有取得成功的人。

作为心理系的学生，他认为很有必要对韩国成功人士的心态加以研究。1970 年，他把《成功并不像你想象的那么难》作为毕业论文，提交给现代经济心理学的创始人威尔·布雷登教授。布雷登教授读后，大为惊喜，他认为这是个新发现，这种现象虽然在东方甚至在世界各地普遍存在，但此前还没有一个人大胆地提出来并加以研究。惊喜之余，他写信给他的剑桥校友当时正坐在韩国政坛第一把交椅上的人朴正熙。他在信中说："我不敢说这部著作对你有多大的帮助，但我敢肯定它比你的任何一个政令都能产生震动。"

后来这本书果然伴随着韩国的经济起飞了。这本书鼓舞了许多人，因为他们从一个新的角度告诉人们，成功与"劳其筋骨，饿其体肤"、"三更灯火五更鸡"、"头悬梁，锥刺股"没有必然的联系。只要你对某一事业感兴趣，长久地坚持下去就会成功，因为上帝赋予你的时间和智慧够你圆满做完一件事情。后来，这位青年也获得了成功，他成了韩国泛业汽车公司的总裁。

赚钱是一场勇敢者的游戏，很多人以为赚钱会经历很多艰辛和不易，但你只要真正走过来，其实它并没有那么困难。事情并不是因为它本身难我们不敢做，而是因为我们不敢做事情才难的。生活中的许多事，只要想做，都能做到，该克服的困难，也都能克服。只要我们有创富的梦想，只要一个人还在朴实而饶有兴趣地生活着，他终究会发现，造物主对世事的安排都是水到渠成的。因此，要勇敢就要相信自己的意志，否则永远也做不成将军。

春秋战国时期，一位父亲和他的儿子出征打战。父亲已做了将军，儿子还只是马前卒。又一阵号角吹响，战鼓雷鸣了，父亲庄严地托起一个箭囊，其中插着一支箭。父亲郑重对儿子说："这是家袭宝箭，佩戴身边，力量无穷，但千万不可抽出来。"

那是一个极其精美的箭囊，厚牛皮打制，镶着幽幽泛光的铜边儿。再看露出的箭尾，一眼便能认定用上等的孔雀羽毛制作。儿子喜上眉梢，贪婪地推想箭杆、箭头的模样，耳旁仿佛有嗖嗖的箭声掠过，敌方的主帅应声折马而毙。

果然，佩戴宝箭的儿子英勇非凡，所向披靡。当鸣金收兵的号角吹响时，儿子再也禁不住得胜的豪气，完全背弃了父亲的叮嘱，强烈的欲望驱使着他呼一声就拔出宝箭，试图看个究竟。骤然间他惊呆了。

一支断箭，箭囊里装着一支折断的箭。"我一直挎着支断箭打仗呢！"儿子吓出了一身冷汗，仿佛顷刻间失去支柱的房子，意志轰然坍塌了。

结果不言自明，儿子惨死于乱军之中。拂开蒙蒙的硝烟，父亲拣起那柄断箭，沉重地啐一口道："不相信自己的意志，永远也做不成将军。"

勇敢要真正发自自己的内心，否则会半途而废，甚至会带给自己灾祸。故事告诉我们，不相信自己的意志，永远也做不成将军。自己才是一支箭，若要它坚韧，若要它锋利，若要它百步穿杨，百发百中，磨砺它、拯救它的都只能靠我们自己。

把自己打造成一个勇敢者，心理的调节必不可少。现实生活中往往是想什么就来什么，想得越多、说得越多，来得也越多。假如他越是感到担心和忧虑，让他担心的事情就越多。经常为钱担忧的人在金钱方面一定有问题，经常否定别人的人在人际关系方面一定有问题，经常抱怨自己的公司和工作的人会惊讶地发现他们的工作总是麻烦不断。所以，我们必须控制自己只想象、考虑和谈论令人愉快的事情，必须将那些令人不快的事情从脑海中驱除出去，你就会战胜恐惧。

勇敢者会集中精力去把每件事情都做好，以确保不会出现最坏的结果。约翰·保罗·盖蒂就使用了这一方法，于是成为世界上最富有的人之一。他介绍自己成功的秘诀由两部分组成：首先，不论面临什么情况，要确定这种情况下可能出现的最坏的结果。第二，确保最坏的结果不可能发生。一旦确定了任何情况下可能出现的最坏的结果，担心和害怕就会消失得无影无踪，人就会变得沉着冷静，不再将一半的时间用于考虑自己的失败，而是全力以赴地去实现自己的目标，最终获得成功。

财富悟语

叩开财富大门的难关有很多，每个人都有所畏惧，勇敢者尽管也害怕，但他们能不受影响，一如既往地前进；而失败者则听任恐惧将自己包围，进而让其控制自己的思想、感情和所作所为，所以他们也不会有发财的机会了。赚钱是一场勇敢者的游戏，你胆子够大，财富才会够多。

要做会折腾的，别做瞎折腾的

违背经济规律的折腾劳民伤财，实际上是不考虑全局利益的瞎折腾。既浪费了人力和财力，又加重了自己和家庭的经济负担。那些喜好瞎折腾的人，应该给自己亮起"红灯"，因为决策失误的后果是很悲惨的。"不折腾"最起码是要按规律办事，看准了就敢于去冒险，看不准的就忍住冲动继续观察，会折腾才会有所成就。

要折腾也要会折腾，不要瞎折腾。会折腾，才是我们生活的乐趣。自己的幸福自己做主，不服输，不妥协，不放弃，不气馁，这才是折腾的真意。折腾不是蛮干，我们要学习知识，理性判断，才会做一个会折腾的人。

1952 年前后，日本电扇滞销，东芝电气公司的仓库里堆积了大量的电风扇，没有办法处理，令人心急如焚。一时间公司上下都在思索如何才能打破这一僵局。一天，一位职员向石坂董事长建议说："人们的物质生活越来越丰富，市面上许多商品也有由实用转向美观的趋势。社会在变化，而我们没有改变想法去适应变化，产品就会滞销。如果针对这个问题，把电扇的色彩改为漂亮悦目的水色，形态也改得更优美一点，那样不仅可以提高商品本身的价值，也可以美化室内环境。"

当时，不仅是日本，世界各国的电扇都是黑色的。好像不漆黑色就不是电扇，故而形态显得十分笨重，给人一种浓重灰暗的感觉。听到这项建议，石坂董事长因产品滞销失去光泽的双眸突然亮了起来。"好主意，你的建议道破了电扇滞销的关键，你的办法也许是打开销路最可行的办法。"于是，他立即命令设计部门研究。第二年夏天，新颖别致的水色电扇上市了。它色泽宜人，形态优美，给人以清新、悦目、舒服的感觉，一上市就掀起购买热潮，几个月就售出几十万台。从此彩色电扇取代了黑色电扇。

在这种关键时刻，正是因为那个独具慧眼的职员能冲破惯性思维的重围，敢于想别人不敢想之事，提出新奇制胜的建设性意见。不惧怕自己犯错误，通过聪明智慧和奇思妙想在逆境中奋力一搏，逆潮流而上，也许就会为自己打开另一扇门，带来新的生机。由此看来，不管做什么事情，不折腾则已，折腾就一定要折腾到点子上。想实现成功就要做那个会折腾的，既要镇定自若，又要睿智思考。只有这样才不会在盲目中成为别人眼中瞎折腾的人。

伊斯曼是美国著名的柯达公司的创始人，他热心公益，捐出巨款在罗彻斯特建造一座音乐堂、一座纪念馆和一座戏院。为了承接这批建筑物内的座椅，"优美座公司"的经理亚当森前来会见伊斯曼，希望能够得到这笔价值9万美元的生意。亚当森被引进伊斯曼的办公室后，伊斯曼问道："先生有何见教？"亚当森没有谈到正题，而是说："伊斯曼先生，在我等您的时候，我仔细地观察了您的办公室。我本人长期从事室内木工装修，但从来没有见过装修得这么精致的办公室。"

伊斯曼回答说："哎呀！要不是你提醒，我差不多忘记了这件事情。这间办公室是我亲自设计装修的，当初刚建好的时候，我喜欢极了。但是后来一忙，几个星期都没有仔细欣赏一下这个房间。"伊斯曼走到墙边，用手在木板上一敲，说："我想这是英国橡木，是我的一位专门研究室内细木的朋友专程去英国为我订的货。"伊斯曼心绪极好，便带着亚当森仔细地参观起办公室来了，把办公室所有的装饰一件一件地向亚当森做介绍，从木质谈到比例，又谈到颜色；从手艺谈到价格，然后又详细介绍了他设计的经过。

最终到亚当森告别的时候，两人都未谈及生意。可最终的结果是：亚当森不但得到了大批的订单，而且和伊斯曼结下了终生的友谊。为什么伊斯曼把这笔大生意给了亚当森呢？这与亚当森的办事技巧很有关系。

追求订单是每一个想成功的人梦寐以求的事情，得到订单意味着事业的根基更加夯实。如果这名老板一进办公室就开门见山地谈生意，十有八九要被赶出来。亚当森折腾成功的诀窍是什么呢？其实很简单，就是他非常清楚推销的对象。他从客户伊斯曼的个人经历入手，称赞他取得的成就，使伊斯曼的自尊心得到极大的满足，把他当做自己的亲密朋友而畅谈，不用过多的言语，这笔生意就非亚当森莫属了。

现实中，折腾有风险，总有些边界是不能碰的，折腾是一种手段，但绝不是目的；折腾是一种考验，并非故意来整人的；折腾是为了壮大事业留住骨干，而不是伤人心赶走良才。所以，切记有些边界是不能碰的，不能很好地规避风险，就会事与愿违。所以说，不能折腾的就别瞎折腾。

会折腾才会有成效，人是最能适应环境的动物。好比在一个会折腾的老板手下，一般的管理者也会越干越能干；在一个瞎折腾的老板手下，优秀的管理者也会越来越平庸。所以，骨干不是选出来的，而是折腾出来的。

财富悟语

会折腾需要我们能够灵活做事，当然这样的基础也是需要一定社会经验的积累的。做事灵活要求我们做实事，心灵手巧，得心应手。且在为人处世方面要圆融。这一点就不是人人都能为之的了，做到能折腾的一般智商就行，做到会折腾的不仅要有智商还要有情商。

惊喜，永远属于坚持到底的人

生活中我们不难发现，很多成功人士都喜欢冒险，他们不断追逐一个又一个的高风险交易，却又能食甘寝安。其真理就是：如果一个人准备承担极大的风险，他就不能像大多数人那样，将巨额个人债务看成灾难。实际上，对成功坚定不移的信念恰恰是冒险的明显特征，这种信念超过了患得患失的想法。最终的惊喜，只属于折腾到底的人！

折腾需要坚持，坚持能让你获得很多东西。大多数人都知道坚持的重要性，但关键时刻他们都选择了放弃；很多人都知道要创新，但很多时候他们都选择了随大流。坚持不只是简单的一句口号，而是靠实际的行动展现出来的。

财富的积聚对我们并没有苛刻的要求，一夜暴富也绝不是致富的必要条件。投资股票、基金等理财产品，梦想着股票或基金天天都大涨，这样的概率微乎其微。在进行每一次的投资时，我们都应该以长期持有为目标，注重赢利水平与承受风险的适度平衡。随着时间推移，复利不止，即使当初投入微薄，谁又敢保证几十年后不生成惊人的数字？让坚持见证你的财富奇迹吧，凡事长期投资才是我们真正可靠的成功折腾之道。

柏建荣是个爱折腾的人，他坚持事业赚钱后没有安于现状。他说："每一次别人问我为什么会成功，我首先要提到的是'坚持不懈'。"柏建荣是嘉兴市东信电器有限公司总经理，他在部队当了12年兵，退伍后去过医药公司，2003年他选择自己创业。"我打算做浴霸等小家电，拿出了自己所有的积蓄，还向朋友借钱，租了房子，买了设备。那一年过年，我口袋里只剩下1000元钱。"但柏建荣说，困难还在后头，因为他不懂小家电。"那时为了琢磨浴霸这些小家电，我从早上一直忙到深夜，当时我就一个信念，一定要搞懂。"

走别人从来没有走过的路，是企业生存之道。"如果说我的原始积累靠的是给大品牌企业代工，那么企业发展靠的则是自己的拳头产品。"柏建荣进入小家电行业不久，就开始着手研究新产品——低亮度取暖器。"当时用于研发的灯泡是一卡车一卡车地报废，一卡车的灯泡就是10多万元，看着心疼，但研发还要继续。"历时4年多，最近这个新产品终于研发成功，"差不多花了150多万元，已经完全超出了研发资金的预算，我这么多年赚的钱1/3都投在这里了，但我认为值得！"功夫不负有心人，他们研制的灯泡最终获得了市场的认可，他的财富再一次飙升。

靠着1500元钱起家的张轲成了浙江鼎美电器有限公司的老总，从一开始的物流业转行到小家电行业，他经历的辛酸不是一两句就能道明的。"我当时每天工作15个小时以上，大部分时间在全国各地开拓市场。"现在"鼎美电器"在全国拥有上千个销售服务网点及数百家专卖店，他一再强调"坚持"两个字："创业一定要有吃苦精神，并持之以恒。"

同是在小家电行业折腾的两个人，他们的成功最大原因就是在于"坚持"，不管是遇到发展瓶颈，还是遭遇市场寒流，他们都能坚守信念，坚持自己的梦想，这是最可贵的财富。最终他们抓住了市场的机遇，赢得了人生和事业的辉煌。

创业除了理想与激情外，还需要坚持到底的品性和创新意识。听听"全民如何创业"大讨论，探寻前人走过的创业道路，或许可以给正在创业或者想要创业的你一些启示。

在常人眼里，已经 80 多岁的格特·博伊尔简直就是个搞怪老太太：一把年纪，竟然力排众议为自己的产品充当形象代言，她是缔造哥伦比亚公司财富的传奇人物。

在这位坚毅女性的经营下，哥伦比亚运动服饰公司一步步走向辉煌，从昔日垂死小厂到当今全球第一户外品牌，其所展现的"坚毅不屈、勇于挑战"的理念名扬四海。"它身上流的就是我的血！"格特毫不掩饰地说。

每个月初，格特都会把各类账单洒满一地，然后去付飞得最远的那张。哥伦比亚原先是格特丈夫尼尔·博伊尔的家族企业，以生产雨衣、雨帽起家。尼尔与格特结婚后不久便加入了父亲的公司。在父子俩的努力下，哥伦比亚公司日益成长起来。此时的格特一心沉醉于家庭主妇的角色中，亚利桑那大学社会学系毕业的她对经商毫无感觉。每个月初，格特都会把各类账单洒满一地，然后去付飞得最远的那张，这成了她唯一的财务体验！

但好景不长，尼尔父亲与尼尔相继去世。一夜之间，年仅 47 岁的格特除了要独立养活 3 个孩子外，更要承担公司因扩张而背上的沉重债务。

"那时我身无分文。"为了让公司维持下去，格特抵押了自己的住房、度假公寓、母亲的住房，甚至搭上了全家人的人寿保险。然而，毫无管理经验的她不久便发现，经营公司简直是一场噩梦。尼尔去世当年，哥伦比亚公司还有 80 万美元的销售额，1 年后仅剩 60 万美元了。

这时，一位买家向格特提出收购公司，竟然开出了 1400 美元的价格。"当我意识到只能获得 1400 美元，我当即告诉他公司我是留定了，我要亲自将它经营到底。"后来，格特的第一个大决策就是炒掉那些怂愿她出售公司的财务顾问，家庭主妇从此走上商界之路。

自 1971 年接手公司以后，格特便全身心地投入。虽然开始时业绩平平，但性格坚毅的她从未放弃观察市场。终于，格特捕捉到一个彻底改变公司命运的机会："自 20 世纪 70 年代起，人们越来越向往户外生活，开始热衷于既能防水又能透气的服饰，于是我们成为第一个使用 Gore-Tex 面料的人。"

1982 年，厚积而薄发的格特迎来公司历史上的最大转折。"我们设计了一种全新的户外夹克，你能随意加减更换内里。我们将它取名为 Bugaboo，结果大受滑雪者的欢迎，总共卖出 700 万件。"这件定价 60 美元的"二合一"夹克堪称户外服饰的经典之作。

此后的故事或许已广为人知。1989 年，哥伦比亚公司一举成为领导全美的第一户外品牌；1998 年，在纳斯达克上市；2001 年，收购加拿大著名雪靴品牌 Sorel；2003 年，还收购一家很有名的美国专业户外运动品牌。一系列的并购奠定了公司全球头号户外装备生产商的地位。

进入 21 世纪，哥伦比亚公司已成功打入包括美国、中国、日本在内的 61 个国际市场，产品也由最初的雨具、雨衣扩展到户外夹克、T 恤、背包及户外运动鞋等全天候户外用品，深得户外运动发烧友的拥戴。2004 年，公司销售额突破 10 亿美元。

从 60 万到 10 亿，昔日与经商"绝缘"的格特创下了一个商业奇迹。当被问及是什么让她"开窍"时，格特脱口而出两个字——"坚持"，"你可以什么都不懂，但你必须坚持每天工作，坚持倾听客户的需求而不是自以为是"。

坚持能让人创造奇迹，格特就是一个奇迹。一个学习社会学的女性，在失去亲人的支持的情况下，她一手操持起这份家人留下的事业。在类似乎绝望的境地中，她坚定自己的意志，告诉自己决不能将公司这样贱卖了，通过一番苦心经营最终赢得了财富和事业的双丰收。

有什么比金刚石还硬，或比水还软？然而软水却穿透了硬石，坚持不懈而已。或许，我们的人生旅途上沼泽遍布，荆棘丛生；或许，我们高贵的灵魂暂时在现实中找不到寄放的净土。那么，我们为什么不可以以勇敢者的气魄，坚定而自信地对自己说一声"再试一次！"再试一次，你就有可能达到成功的彼岸！

财 富 悟 语

在我们的人生中，可能我们追求的风景总是山重水复，总也见不到柳暗花明；同时，我们前行的步履可能沉重和蹒跚，我们需要在黑暗中摸索很长时间，才能找寻到光明；也许我们的信念可能会被世俗的尘雾所缠绕，而不能自由翱翔。一切困难都是暂时的，坚持下去，终会有一片属于你的美丽天空。

理智折腾，做个后天的冒险家

我们处在激情燃烧的时代，创富的神话天天在上演。有更多的人投入创业大军中，从事自己喜欢而又体面的事业，这也是大多数人开始折腾的初衷。然而折腾有风险，市场是无情的，如何规避风险，成功创业，是我们不得不面对的现实问题。折腾的道路上，我们不能让过分谨慎束缚了双脚，也不能因为激进冒险而前功尽弃。

会折腾的人都有自己的判断力，他们不会因别人说东就东，说西就西。他们有自己的理智判断，从容地应对风险，最终成为一个果敢而不盲目的后天冒险家。

在我们人生的每一个关键时刻，在我们折腾的路途当中，审慎地运用自己的智慧，做最正确的判断，选择最适合自己的正确方向。同时别忘了随时检查自己选择的角度是否产生偏差，适时地加以调整，理性地去折腾、去冒险，绝不能像倔强的人一般，只凭自己的一套思维，便想着能度过人生所有的阶段。

在一个森林里，一只鼹鼠很是羡慕森林之王老虎的威风与地位，于是找到老虎向老虎挑战，要同它决一雌雄。它对老虎说；如果它胜了，就让老虎将自己森林之王的位置让给它；如果它输了，它就从此远离老虎统治的这片森林，迁移到别处生活。对于它提出挑战的建议，老虎想也没想就断然拒绝了。见老虎这样，鼹鼠说："人人都说你是虎大王，我看你是徒有虚名，你连我的挑战都不敢答应，你还能做什么？"老虎不胜其扰，它被激怒了，腾地跃起轻易地就抓住了鼹鼠，可怜的鼹鼠由于自己的不自量力当了老虎的盘中餐。

人们都有自己心中的梦想，梦想很绚烂，但过于遥不可及，好比伸手想摘星星，那就是非常不理智的了，非但要浪费自己的精力，还可能让自己付出惨重的代价。鼹鼠的目标很高，但很不理性，它的冒险成了一种莽撞，把自己的小命给折腾没了，不得不说是一种悲剧。生活中，这种不计后果鲁莽折腾的人又何尝少呢。

理智折腾，更要理智地面对生活。取得成功后的浪漫是奢侈的，偶尔为之可以调节我们略显平淡的生活，但多数时间里，我们还是要生活在平凡的日子里，拼命地赚钱、理智地理财，为了迎接生活中更多的美好！

生活中，很多人也会幸运地遇到一些看似能够发财的机遇，但就在抉择的时候不够理性，让他们失去了改变命运的机会。抉择财富的最佳方法就是理智地去折腾，做一个后天的冒险家。大多数人一边自己放弃机会，一边又怪罪机会不降临在他身上。当机会真正降临时，你会怎么样抉择呢？

有两个贫苦的樵夫靠着上山捡柴为生，有一天他们在山里发现两大包棉花，两人喜出望外，棉花的价格高过柴薪数倍，将这两包棉花卖掉，足可让家人一个月衣食无虑。当下两人各自背了一包棉花，便准备赶路回家。

走着走着，其中一名樵夫眼尖，看到山路有着一大捆布，走近细看，竟是上等的细麻布，足足有十多匹之多。他欣喜之余，和同伴商量，一同放下肩负的棉花，改背麻布回家。

他的同伴却有不同的想法，认为自己背着棉花已走了一大段路，到了这里才丢下棉花，岂不枉费自己先前的辛苦，坚持不愿换麻布。先前发现麻布的樵夫屡劝同伴不听，只得自己竭尽所能地背起麻布，继续前行。

又走了一段路后，背麻布的樵夫望见林中闪闪发光，待近前一看，地上竟然散落着数坛黄金，心想这下真的发财了，赶忙邀同伴放下肩头的棉花，改用挑柴的扁担来挑黄金。

他的同伴仍是那套不愿丢下棉花以免枉费辛苦的想法，并且怀疑那些黄金不是真的，劝他不要白费力气，免得到头来一场空欢喜。

发现黄金的樵夫只好自己挑了两坛黄金，和背棉花的伙伴赶路回家。走到山下时，无缘无故下了一场大雨，两人在空旷处被淋了个湿透。更不幸的是，背棉花的樵夫肩上的大包棉花吸饱了雨水，重得完全无法再背得动，不得已，他只能丢下一路辛苦舍不得放弃的棉花，空着手和挑金的同伴回家去。

毫无疑问，面对同样的发财机会，善于调整策略理智折腾的农夫成功了，而不敢冒险的那个人却还是跟从前一样，失去了众多机会，没能抓住财富的尾巴。理性，对于渴望财富的很多人来说很可贵，一些人容易被自己编织的幻想所迷惑，也有人盲目地坚持一条道路，冒险变成了莽撞，是十分可惜的。

生活中，让自己赚取财富的机会还是很多的，当机会来临，人们常有许多不同的选择方式。有的人会被动、单纯地接受；有的人抱持怀疑的态度，站在一旁观望和等待；有的人则非常倔强，固执地不肯接受任何新的改变。而不同的选择，当然导致截然不同的结果。许多成功的契机，起初未必能让每个人都看得到深藏的潜力，而起初抉择的正确与否，往往更决定了成功与失败的分野。

财富悟语

做个后天的冒险家，就要坚定自己的意念，理性地分析和判断，看是否与折腾取胜的法则相抵触。追求财富和成功，并非要求我们就必须全盘放弃自己的理想追求，而来迁就一些所谓的成功法则。只需我们在思想上做合理的调整，理性地吸取成功者的经验及建议，应用自己的胆魄去闯去拼，即可走上成功的康庄大道。

寻找财富榜样，像真正的成功者那样思考

我们为什么依然被财富拒之门外，是因为我们没有像成功者那样去思考。要想成功，就要像成功者那样去思考，因为他们的思维方式是其成功的重要因素。不少成功者在生活中的小细节同样也是值得我们借鉴的，他们往往有着独特的价值观，而且也会利用一些小技巧来拓展自己的商业机会。现实中的点点滴滴往往是一个人个性的体现，也会最终影响到你事业的成败。

我们常常会听到有人发出类似的感慨：身处同样的蓝天下，同样是人，为何有人显达、富有、成功？而有的人平庸、穷困、失败？观察我们的周边，谁不希望能脱离现状成为成功的人，但要达到这一目标，对大多数人来说实在是一件很困难的事。于是，很多人把这归结于命运，

也有不少人在暗自感叹命运对自己的不公，还有人选择折腾去改变命运。

人与人之间巨大的差异是如何形成的呢？有人将其归结于能力，难道能力是天生的吗？为什么别人的能力很强而你很差呢？有研究说明，人的天赋存在差异，但差异很小，所以，人们没有理由归罪于自己的天赋。有人将其归结于知识，为何别人有知识，而你没有知识呢？难道你不具有同等的学习机会吗？而且知识并非决定人成败的关键因素。有人将其归结于社会环境，为何在同样的环境中，有人成功，有人失败？有人将其归结于机遇，那为何生活把机遇赐予别人，而不会给你呢？

类似的思考让人有所触动，其实现实的一切最终取决于你自己。只要敢折腾，成功离你并不遥远。如果你有强烈的致富欲望，并且找对了创业的路径，为何你不能成为成功者呢？什么时候起步都不嫌晚，而现在你要做的，就是对自己进行一次大改造。俗话说，英雄辈出还看今朝，正是很多人借鉴了成功者的经验，勇于去折腾，他们才走上了富裕的道路。

一个创富的传奇故事今天终于又再次在我们身边上演，吸引超过60 万香港股民认购的碧桂园在香港联交所挂牌上市，上市首日开盘报价 7.00 港元，持有 95.2 亿股碧桂园的 25 岁大股东杨惠妍一举超过玖龙纸业的董事长张茵成为新一代内地女首富，身价约为 666.4 亿港元。杨惠妍是碧桂园创始人杨国强的二女儿，碧桂园公开招股的同时，杨国强把自己的股权转让给了二女儿杨惠妍。

而真正让人心动的还是这家公司的创始人杨国强，他的经历让人读来热血沸腾。碧桂园 1992 年成立于广东顺德，主要开发业务集中在广州及珠三角地区，自 1999 年起，集团每年楼盘销售总金额均超过 25 亿元。该公司董事长杨国强出身于农民家庭，可以算得上是地产界的"草根"富豪了，也为诸多出身贫寒的年轻人树立了一个绝佳的好榜样。

　　实践说明，致富就是一场心理游戏。成功者专注于机会，平凡者专注于障碍。成功者玩金钱游戏是为了赢，平凡者仅仅是为了不要输。成功者相信："我创造我的人生。"平凡者相信："人生是命中注定。"

　　平凡者和成功者在多大程度上不同，以下的例子或许能说明一些问题：

　　小王在 15 年前单位福利分房时，因考虑其有专业特长，是技术骨干，于是当做人才引进，特殊照顾给予其公房使用之外的 5 万元补贴。

　　如果以目前的眼光来看，这笔钱真算不上什么，但放在当时的时代背景下，也算是一笔不小的财富了。这时，就有朋友出来建议小王说，把钱拿去买点股票、债券什么的，做点理财；也有人认为，还不如盘下小区附近的某个店面，整点生意；甚至有人颇为"前瞻"地提出应该再去置套房屋，改善生活之余，搞点投资……小王东听西探、左思右想，却始终犹豫不决、拿不定主意，他老觉得 5 万元"巨款"得来不易，一下子出去了，万一打了水漂岂不可惜。结果，内心纠结了许久许久，终于决定将这笔款项存进银行吃利息，因为在他看来，这样做最安全、最有保障。后来让人啼笑皆非的是，这笔钱一存就存到了现在，整整 15 年，没有让钱真正增值。

　　另外一位是小李，凭着勤奋、努力、刻苦、钻研，梦想成真获得了心仪的大公司职位。按理说，他只要按部就班、踏实肯干，收入待遇、地位名誉总能指日可待。但小李显然没有被条条框框限制住，工作之余，多读书、勤学习，还不忘琢磨研究各种各样的理财产品，从股票基金到债券期货，从黄金红酒到房产店铺，他总是在寻觅商机。只要遇到机会，便提枪上马、英勇前进，大有一副人生无常、时不我待的气势。每次碰到他，跟他说最近流行什么吃的、穿的、玩的、用的，他常有不屑，他认为，除了保障生活高品质的同时，应该把更多的钱花在理财投资、置产置业上。他有两句经典的认识，第一句是："男人上了三十，得考虑三件事了：理财、保险和健康。"另一句则是："有钱人有 3 个层次，最低的一种是'我去赚钱'，中间的是'雇人赚钱'，最高的一种是'让钱生钱'。"结果，在除工资之外，他的财富也一直在增长。

有许多人时常会问这样一个问题："我到底能不能也成为成功人士呢？"其实，这个答案显然是肯定的，生活中太多的事例表明，任何一个人都有可能从无到有从而实现脱胎换骨的变化。有这样一句经典的句子："工资只能使你安全地生活，如果要想真正成为富翁，就必须把自己投入变幻莫测的市场中去。"成功者在刚开始时却都是身无分文的"穷小子"，在任何一个方面都可能比不上周围的人，但他们敢折腾、敢冒险，最终创造了一个又一个的创富传奇。

折腾成功的秘密，究其原因是他们的思考模式不一样，因此能够创造财富、保存财富。可贵的是，这些思考模式是我们可以学习的，只要我们在心里做个改变，删除旧有的想法，重新安装成功者的想法，假以时日我们也可以走上真正的成功之路。

大多数折腾的人，都是不安于现状的人，是渴望成为有作为的人，要成功就要从观念、思维方式到行为方式，朝成功者靠近。经常与成功人士交流，领悟别人成功的经验和要点。想要折腾成功的人，就要结合自己的资源、优劣势等，找准自己在社会上的位置，由此选择行业、职业。但无论如何，创业精神是最主要的，即敢想、敢干、勤奋、吃苦耐劳、锐意进取，而不是不敢冒险、只是安于现状、小富即安。舍得付出，敢于拼搏，能勇往直前，遇到困难不妥协，认准目标，不言放弃，同时注意节俭，不铺张浪费。折腾事业，就要永远抱着为自己工作的心态，做自己的主人，要知道"天道酬勤"的道理。只有那些敢于拼搏、锐意进取、思路清晰、敢于冒险的人，才会有丰厚的回报。

会折腾的人先从改造自己开始，假如你想加入成功者的行列，当务之急就是对自己进行一次大改造。尽管在当前你可能还并不是一位成功者，但却要注重培养自己致富的欲望，并学习他们生活中一些细节，也许幸运之神很快就会来到我们的周围。

让我们一切从头开始，首先是要有强烈的致富欲望，这是打造致富基因的第一步。许多调查都表明，绝大多数富翁在成功之前都有着强烈的雄心，而就是这种冲动帮助他们找出了致富之道。当然想要致富并非不切实际的"一夜暴富"，而是要选择一个适合自己的方式，然后持之以恒地一步一步地做下去。

财富悟语

寻找财富榜样，会让你的折腾更有目的性。不少成功者在生活的小细节同样也是值得我们学习，他们身上透露出独立的价值观，而且也会利用一些小技巧来拓展自己的商业机会。生活中的点点滴滴往往是一个人个性的体现，也会最终影响到你事业的成败。不用再等待了，大胆地去冒险，勇敢地去折腾，你现在就可以开始有所作为，让自己成为一个真正的成功人士！

第 7 章

另辟蹊径寻出路

——走没人走的路，找到专属于你的藏宝图

会折腾就要善于独辟蹊径找到自己的出路，即使在危急中也能找到商机。比如，晚上遛狗时差点给车撞了，由此推出宠物反光衣；发现孩子不会用大人的吸管，就开始生产弯曲吸管等。这一类型的折腾者能够一针见血地抓住问题所在，并且脑筋急转弯，找到解决问题的妙方，他们折腾成功的概率极高。

别急着炫耀赚了多少，要看最后剩下多少

当你发财的时候，不要着急炫耀，而是要看自己剩下多少。钱和人一样，你给它的爱惜越多，它给你的报答也越多。即使只是一点小小的回报，一点一滴聚集起来，也可以成为一笔可观的收入。如果用这一笔钱为本钱进行投资或储蓄，那么它增长的速度就会更快。你的折腾是否成功，取决于你是否会理财，是否会规划自己的财富。

富翁到底是怎样炼成的呢？这是很多人关心的问题。在调查的99000人当中，通过继承财产拥有600万元以上资产的人仅仅占14%。48%的人是因为事业有成，17%的人是因为高收入，余下的21%的人是用其他方法成了富翁。即使未继承一大笔财产也能成为富翁的事实，给人们带来了无限希望。大多数白手起家的人认为自己之所以能够成为富翁，是由于脚踏实地、尽心尽力工作，认认真真储蓄，渐渐地事业有成，也开始有了投资的机会。在这个过程中，他们投入了多少心血和精力是不言而喻的。

很多人都想通过折腾成为富翁，就应该脚踏实地地认真给自己做储蓄。但这并不等于说要经常饿着肚子不吃饭，或取消一家人每个月仅有

的一两次下馆子活动，做个守财奴，自己虐待自己。世上没有任何一条法律规定每个人都必须积攒 600 万元以上，因此，我们完全可以在保证一定生活质量的前提下充分储蓄。这里的"充分储蓄"是指根据每个人自身的条件，最大限度地储蓄。人与人是有差别的，有的人能够存下收入的 50%，而有的人只能存下收入的 5%，总之，你剩下的越多，你真正拥有的财富就越多。

在一家电视台工作的小张，因为平时工作时间比较灵活，从 2005 年开始就在网上开店，目前月收入已经过万。她表示："我现在在做外国的代购，不影响平时工作，每月从网店赚的钱比我的工资高出几倍。"小张表示，创业是件好玩的事情，不辞职有稳定收入，进行创业的压力小很多。

生意越做越好的小张，目前已经请了 2 位在校学生做客服，每月还给他们开 2000 元左右的工资，"我现在差不多是小老板了"。她提醒其他开始折腾的朋友，网络创业的前期可能只赚人气不赚钱，后期随着客源的稳定、风格确定，才能真正实现赚钱的目的。

上述案例告诉我们，赚钱不是人们表面的风光，而还在于最终留给自己多少成果。折腾要有规划，知道我们前期做什么，后期又能做什么，将会对我们的积累财富有所帮助。

要想折腾成功，我们就应尽早学会投资理财，早理财早受益。尤其是年轻人，学会理财不仅可以合理安排自己的收入，更大的意义在于通过利用科学投资理财方式增加收入。我们处在压力较大的环境下，年轻人单靠工资供房比较困难，学会正确地投资理财是年轻人开源节流的最佳方式，是工资以外收入的有力补充。

　　"富不过三代，穷不过三代"，之所以会有这种说法，是因为子孙享受着上一代积攒下来的财富，却又不懂理财，于是坐吃山空，再多的财富总有一天会花光；会折腾的人，不会很在意自己表面的财富，而真正在乎自己到底剩下了多少。而对于普通人，往往精打细算，让每一分钱都发挥功效，甚至让每一分钱都能赚钱，如此一代代积累，终有一天会致富。

财富悟语

　　会折腾的人都会细心地关心钱的支出，仅凭这一点，也会有助于你增加存款。刚开始可能会有一点困难，但只要稍微再努力一点，就能养成每月定额消费的习惯。假如你能一直保持这种习惯，你就会积攒更多的钱。人们常常认为，只有赚很多钱的人才有可能成为富翁。实际上，如果没有养成存钱的习惯，就算赚再多的钱，你的积蓄很少，也不算是成功的。

不折腾出点新意，没人搭理你

　　只有折腾出一些新意，财富才会青睐你。异想天开中蕴藏着诸多的成功机会，飞机的发明源于福特兄弟"人类也能像鸟一样飞翔"的想法，大卫·H.克罗克的离奇想法则造就了"会飞的

邮件"——电子邮件。创意直接推动人类的进步，还会为你带来
无尽的财富。想折腾就从创意开始吧！

最近几年流行起"概念创业"，就是指凭借创意、点子、想法去创
业。当然，这些创业概念必须标新立异，至少在打算进入的行业或领域
是个创举，只有这样，才能抢占市场先机，才会赢得顾客和财富。概念
创业适合本身没有很多资源的创业者，需要通过独特的创意来获得各种
资源，包括资金、人才等。

在有的人看来，靠创意创业由于涉及创意、想法等，因此觉得有些
虚无缥缈，甚至认为无从入手。其实，靠创意创业只是一种全新的提法，
而作为创业模式，早就在许多创业成功案例中存在着。当许多人还在为
没资金、没技术而大伤脑筋时，有那么一群敢于折腾的梦想家，凭着敏
锐的市场嗅觉和新奇的商业创意，从普通创业者摇身变成了日进斗金的
成功者。

书法加绘画结合起来就能形成一个很好的创意点子，张桂生通过这
样的创意 T 恤卖"文化"。如今在 T 恤上做文章的人太多了，现在大街
上随时可以发现自己设计、自己喷绘的个性 T 恤，动漫图案、非主流面
孔、英文字母，不过这些似乎都没什么门槛，有的是在网上搜些图片印
上去就行。热爱书法的张桂生却把 T 恤当成宣纸，直接在上面创作。太
极书法与绘画结合，特别是三国人物、成对的佛字鸟、双龙图这些有中
国元素的创意，在奥运会到来之际，肯定能让老外眼前一亮。

"比如这个佛字，我可以正反来写，再经过我的创意，它就是两只
背对背站立的鸟。"还有名字绘画，比如张飞两个字，经过张桂生的书

法创意，在写下这两个字的同时，我们又看到了栩栩如生的张飞的脸谱。

"我练书法30多年了。"张桂生从9岁就开始练习书法，当时母亲极力反对，觉得练书法不能出人头地。"但是父亲对我的爱好非常支持，他会把仅有的工资给我，让我出去闯荡。"

初中毕业后，18岁那年张桂生去北京闯荡，这是他的第一站。此后他从事过很多职业：做过报社记者，当过北京某杂志社的编辑，在杭州广告公司做过文案策划，在深圳平安保险跑过业务，还在信息公司做过职员……

"与书法无关的活，我都干不久。做这些工作的时候，我经常在想：'不行，这样下去对我的书法没有发展。'"

2007年年底，他在浙江一个协会任职，工作很轻松，但是张桂生仍然感觉施展不了自己的才华。

偶然的机会，一位朋友告诉他："你会写正反的书法，为什么不把它们融汇到国画里？你可以把文字画成画，再放到T恤上面，这样也可以提升艺术附加值啊！"张桂生觉得这个主意不错，因为自己练习了十几年太极书法，想象力也比较丰富，对文字与绘画的结合非常顺手。

2008年6月底，张桂生辞去了协会的职务，专门练起了中国文字创意，并且把书法与绘画、书法与时尚艺术结合在一起。

毕竟不是小青年了，要养家糊口，又要满足自己的爱好，实在不是件容易事。张桂生去网上找资料，如何把字画印到T恤上，没想到印花机器和其他设备的购买就花了他所有的积蓄。

刚开始，张桂生用普通的纸张和墨水打印出图案来做，结果烫坏了棉T恤，白白浪费了很多精力、金钱。后来他找到了专门的热转印纸和墨水，在印的过程中又烫坏了十几件T恤。经过上百次失败，他终于掌握了技巧。

他认为，现在满大街的 T 恤衫上都是英文，他觉得把中国的文字印上去也会成为一种趋势，尤其 2008 年是个机会，世界关注中国，国人爱国情绪又高涨。终于，张桂生和几家公司签了合作协议，还成为某著名品牌服装集团的品牌供应商了。

在张桂生的眼里，文化才是最值钱的东西。他不仅热心参加 T 恤节，还带了更多的作品去参加。跟其他搞创意的小青年们不同，张桂生更实际些："每件 T 恤价格不超过 50 元，关键是走量，必须批量生产。"带着这样的想法，他的事业也越做越大。

将衣服做出文化、做出市场，是需要一定创造力的，如今张桂生最大的心愿是希望自己的作品能够参加西博会，将中国的文化就通过 T 恤衫走向世界。可以说，只要敢想，只要你的创意符合时代发展的趋势，你的市场就无限广阔，你的财富也将永无止境。

折腾也是如此，非凡的创意有时也能成为我们的一种创业资本，有着剑走偏锋的神奇作用。尽管说有些与众不同的创意，在创业初始会受到怀疑甚至嘲弄，经不住考验的就会如昙花一现，而那些坚持下来并积极把想法转化成实际者，往往有着抢占先机的优势，他们的财富才会随之喷发。

折腾成功者未必都是新领域中第一个"吃螃蟹"的人，敢于折腾就要勇于推陈出新。有时一些人的创业想法来自成熟的领域，只是在某些方面进行了创新。如果你不是点子王，但很会举一反三，应用丰富的联想力，那么不妨试着把一个行业的原创概念复制到另一个行业，这样会让你的折腾更容易成功。

财富悟语

　　开发新鲜事物其实也有范本可循，不必瞎摸索，但不同行业的经营模式能否移花接木得浑然天成，则是对创业者智慧的考验。虽然说做创意总会有一定的风险，不过也可以当做一份乐趣和爱好。在折腾的路上，一边可发挥兴趣，一边可赢取财富，何乐而不为呢？

想推陈出新，先给自己"革命"

　　能够闯出大事业的人，不仅需要敢于折腾的勇气，更需要一种与众不同的思路。会折腾的人善于想人之所想，做人所未做，在人们的眼力之外找寻一条道路。所以，要想折腾出成功，就不能跟在别人后面，盲目地随波逐流。会折腾的人，他们总会做事业的急先锋，做新领域的排头兵，因为，他们善于改造自己的思想。

　　会折腾就要讲究方法，而做事有两种方法，一是创新，二是模仿。善于创新的人，总能在别人看不到机会的地方发现新的出路，找到起死回生的办法，让他的折腾之路更加顺畅；模仿他人的人，即使机会能从天上掉下来，他们也不一定能抓住。所以，会闯的人，就必须让创新思维注入自己的大脑中，时刻想着"金点子"、找"金点子"，做到人无我有、人有我新，这样才会折腾成功。

很多人都想通过创新走在别人前面，但常常苦思冥想不得其解，只是因为没有首先给自己的思想"推陈出新"，当你应用"非常道"的智慧从其他的角度、从常人想不到的方面出发，常常会收到意想不到的效果。

在日本东京闹市区，有一座奇特的十层高楼，它是一座世界首创的人工"断崖攀登练习场"。它是由日本太阳工业公司的董事长能村龙太郎投资兴建的。这幢大楼形如断崖绝壁，上面布满藤苔花树之类，夹杂于鳞次栉比的现代化建筑之中，原野风味十足，确实别具一格。

人们对大自然总是充满着一种依恋的情感。特别是生活在大都市的人，他们举目车水马龙和高楼大厦，心里却想着能有机会去高原攀登一次险峻的山峰，或是到大海里去作一次顶风劈浪的畅游。能村龙太郎揣摩了人们的这种心理状态，就在东京闹市区建造了一座奇特的十层高楼。能村董事长向人们介绍说："这一建筑专为爱好冒险又精力过剩的年轻人设置的，使他们生活在大城市中仍能享受登山的乐趣。这个'断崖攀登练习场'的妙处就在于有攀登断崖绝壁的趣味，又绝无攀登断崖之危险。经常练习，就不难征服任何高山峻岭。"

这座世界首创的人工"断崖攀登练习场"成了东京的一家新颖的游乐场所，吸引了众多的青年来享受登山的趣味。虽然没有原始山峰那种层峦叠嶂和云海飘浮的风情，倒也不乏千阻万险、惊心动魄的场景，满足了攀登者活动手脚、增强敏锐性、当个"勇敢者"的愿望。当一个个青年人登上"山巅"而又回到平地时，围观的亲友都会向他竖起大拇指加以称赞，这种快感是攀登自然山峰不能享受到的，更不是在迪斯科舞厅和夜总会里能够领略到的。而且，虽然惊险场面很多，却从无伤亡事故发生，市政当局不予干涉，市民则对此大加赞赏，能村董事长的财源滚滚而来。

商机不少见，但能让自己下定决心去做这个事情，非得先给自己"革命"一番不可。能村不愧是个精明的生意人，他看准了商机就毫不犹豫地去做，他在"断崖攀登场"旁边开设了一家体育用品商店，作为配套服务设施，专门销售登山鞋、背囊、运动衣、手杖等物品。因为他明白青年人的心理，虽然并非攀登真山，却必须样样做得"煞有介事"，不能让自己的"登山"有缺憾。所以这家体育用品商店生意非常兴旺。能村如诸葛亮一样，巧借东风，让自己的事业飞黄腾达。

想要推陈出新，就要给自己的思想注入新鲜的元素。折腾讲究方法，更讲究创意，没有好的点子，只能是在别人后面跟风，难以获得自己的成功。

智慧会让你折腾得更好，在我们人生的关键时刻，要审慎地运用智慧，做最正确的事情和判断，选择正确的目标和方向，同时不要忘记及时检查自己所选择的角度，适时调整。放下无谓的固执，冷静地用开放的心胸做正确的抉择，每次正确无误的抉择都将带我们闯入成功的坦途。

财富悟语

人不能改变环境，但可以改变思路，要想推陈出新，就得先从改造自己的思想开始。就是说，人不能改变环境，但可以改变自己。思路决定出路，观念决定前途。折腾在当下，工作、生活没有思路不行，组织、管理没有思路不行。不论在什么情境之下，有思路才会有更大的发展。

走"非常道"，折腾出成功路

折腾不能随波逐流，走出自己的道路反而更容易成功。有本事和有能耐将一条条死路经过大脑思考后走成活路，这不是一般人可以做到的，但是那些成功者做到了。一个想成功的人，除了精明的头脑和吃苦耐劳的作风以外，更重要的是高瞻远瞩的预见性和判断力。巧妙折腾，走非常道，你也可以成功。

折腾要独具慧眼，不能随波逐流。当很多的人在朝同一条路上挤的时候，只要你拥有足够的实力和信心，另谋他路而走，也许会达到殊途同归的目的，不同的是，你看起来是要轻松得多了。折腾路上一大拦路虎是惯性思维，因为人们已经习惯了正常的思维模式，即使没有什么成效仍很难改变。这时候，转变思维能给人以新的思路，去走"非常道"、敢于冒险往往会让你出奇制胜。

积极转换自己的思路，是一种折腾的创新，而创新是不分事件的大小的，只有养成"不断创新"的习惯，你才能始终走在别人前面。想要折腾出成功，就必须不断地创新和完善。

希腊人奥纳西斯被誉为是"世界船王"，他出身贫苦，为了谋生他漂洋过海来到南美洲的阿根廷寻生路。为了果腹，他做过多种杂工，包括人们最不愿意干的活。后来又做过小商贩，经营过诸如烟草一类的小生意。

生活的艰辛使得他历尽磨难，但同时，丰富、复杂的社会磨炼也使得奥纳西斯大受裨益，练就了他观察和分析事物的能力，还有判断事物发展趋势的锐利眼光。

1929 年，世界性经济危机首先在美国爆发，继而波及世界各地。阿根廷的经济也陷入了极端困难的境地，工厂大批倒闭，工人也大量失业，各行各业萧条不堪。自然，红极一时的海上运输业也一样难逃厄运。

机会只属于有准备的人，加拿大国有运输公司为了渡过难关，准备拍卖名下各类产业，其中，在 10 年前价值 200 万美元的 6 艘货船轮，只开价 12 万美元。奥纳西斯看准时机，拿出自己的全部积蓄，并向好友筹借了几万美元，专程飞赴加拿大买下了这几艘船。

他的反常举动令同行们大惑不解，他们实在想不通，奥纳西斯明明知道，1931 年的海上运输量仅为 1928 年的 35%，大名鼎鼎的海运专家、企业家们都不知如何是好，而奥纳西斯却"飞蛾扑火"，自寻死路。

但奥纳西斯却不这么想，他通过亲眼看见这场经济灾难的前前后后，断定这是资本主义经济发展的一种规律，他确定，很快就会经济大复苏，危机马上就会结束，物价将很快从暴跌变为狂涨，海洋运输业也将很快从低谷走向高潮。

果不其然，精明果断的奥纳西斯料了个正着。经济危机很快过去了，在百业重兴的过程中，海洋运输业的回升和发展势头大大领先于其他行业，他花低价买来的 6 艘货船转眼之间身价倍增，企业界无不艳羡，银行家们对他刮目相看，纷纷主动上门为其提供信用贷款。

睿智的奥纳西斯绝不让机会从身边溜走，乘机迅速壮大自己的海洋运输队伍，使自己的实力倍增。紧接着，他开始向世界各主要航线进军，所到之处，罕遇对手。奥纳西斯成了世界海洋运输业中的金字招牌。大量的财富以惊人的速度源源不断地流入他的腰包。1945 年，他首先成为希腊海运第一人，紧接着，所向披靡的奥纳西斯成了名副其实的"世界船王"。

奥纳西斯用自己的智慧和魄力折腾出了成功，他告诉我们：人人都有机会碰到，关键是你能否准确地把握和利用它。创富的机遇到处都有，只要你看准了机会，哪怕是别人看不惯，你也要坚持做下去，走"非常道"，你就会成为一匹财富黑马。按照常规的模式去折腾事业，尽管你也会小有成就，但不会做大做强。

人们常说，条条大路通罗马，而这些路中又分三、六、九等，既有寻常路，又有不寻常的路。走寻常路，我们只能欣赏路边的片刻风景；走不寻常的"非常道"，却能令你领略到出乎意料的美景。

看到别人取得成功，我们往往或多或少地有些向往。然而成功就像一条路，这条路上泛滥着花花草草，但只缺奇花异木，我们并不需要效仿别人，如能独具一格，那便能使成功路上不缺美丽。"这世上本就没有路，走的人多了，自然就成了路。"那些寻常路不也是走出来的吗？折腾就要走常人没走过的路。

换个想法，就能换来一切。也许有人会说："努力突破创新是很艰难的，我又不是科学家，又能有什么创造呢？"其实，我们每个人都有创新思维，只是有的人有意识地加以运用，而有的人则任其消长。

走非常道让我们更容易成功。那些成功者在经营管理方面，善于用变通的思想、创新的理念来持续不断地给事业注入活力。他们是"唯有变者才能生存"的积极实践者，善于除旧推新，创造新的对商业发展有利的方针方略，推动事业有所发展。他们折腾的事业能够持续辉煌，与他们敢于创新、善于创新是分不开的。

财 富 悟 语

　　折腾的路上，人们经常会因为方法不当而走入死胡同，这时候，转换一下思路，就能让死路变成活路。有的人不思考如何转变，只是一味地按照原来的思路走，这样就容易让自己的折腾之路越走越窄，甚至出现无路可走的情况。走"非常道"，先从转换思路开始，这并不是一件简单的事，需要你拥有广博的知识、持久的毅力以及专心致志的精神。

多借几个脑袋，和自己一起折腾

　　应用他人的智慧就是借脑，不单打独斗而采取借脑的方式更是聪明之举。对于经商创业来说，都需要借用他人的智慧。怎样借脑是有讲究的。阅读一些成功者的故事及传记，吸取他人成功的经验，反思自己失败的教训。阅读成功者的故事可以是与阅读相关的书籍，也可以通过交流来学习。总之，借脑会让自己成长得更快。

　　成功者对自己的定位都很明确，他们认为，专业的事情就要由专家来做，他自己的工作就是广交朋友，发现和组织专家，然后把各种资源整合起来后一起达成共同的目标。他们不会单打独斗，而是会借力借脑，他们最佩服的就是真正的专家，最欣赏的是坚持学习、不断进取的人。因为有别人的支持，比自己折腾要踏实得多。

再伟大的人也需要他人的帮助，再智慧的人也有比不过别人的地方。爱默生和儿子赶牛的故事正好说明这一点。

有一头小牛犊很犟，爱默生和儿子又是拖又是拉地想把它赶进牛棚里。可是那头牛伸开四蹄拼命抵抗。看到伟大的哲人爱默生先生似乎应付不了这种局面，一个牛奶场女工随即伸给小牛一个手指头，小牛吮吸着，就这样，女工一步一步退着把小牛引进了牛棚。

这说明，折腾的路上需要他人给我们引路，他们善于帮你理清思路，需要指导和建议时去找他们。每个人都有困难和需要，一旦靠自己力量难以化解时，别人的智慧总能最及时、最认真地考虑你的问题，给你最适当的建议。在你面对选择而焦虑、困惑时，不妨找他们聊一聊，或许能帮助你更好地理顺情绪，明确自己所要努力的方向。

在我们的成长过程中，朋友的支持与鼓励是非常珍贵的。当我们遭遇挫折，挚友往往可以帮我们分担一部分的心理压力，他们的信任也恰恰是我们的"强心剂"，能让我们接触新观点、新机会。折腾的路上，这类朋友必不可少。他们可谓是我们的"大百科全书"。这类朋友的知识广、视野宽、人际脉络多，会帮助你获得许多不同的心理感受，使我们在折腾路上成为站得高、看得远的人。

折腾需要智囊团，感谢那些为我们引路的人，他们帮我们理清思路，这些"智囊"是我们折腾路上的"指路灯"。

2003 年 9 月的一天，施关水从电视上看到了一个报道浙江大学养殖石蛙成功的节目，这让他决定去结识这位养石蛙的张老师。第二天施关水便从临安赶到了浙江大学。

施关水心想："我一个农民，没有一点什么基础，一下子找到浙江大学一个名牌大学来技术上搞合作，请他们来帮助，会不会遭到拒绝呢？"怀着忐忑不安的心情，施关水在浙江大学石蛙研究中心终于找到了张志升老师和徐仲钧教授。当他提出请他们帮助自己养殖石蛙的想法时，果然遭到了对方的委婉拒绝。

张志升认为，他那边投入情况的大小，花费时间的多少，肯定会影响以后校园里边的养殖、教学等方面的工作。

徐仲钧也认为随便答应后，出去以后万一失败的话，会影响他们浙大的声誉。

施关水没有办法，他决定先回去找场地。当年国庆节期间，施关水以参加当地举办的森博会的名义把张老师他们请到了临安。看到这里的环境后，张老师和徐教授动心了。施关水趁机说出自己想搞大规模养殖，张老师他们也没有直接答应。

一周后，施关水再次来到浙江大学，张老师终于答应帮助他养石蛙，但同时提出了一个令他始料未及的要求，让他出 10 万元的技术服务费。花 10 万元买个看不见的技术，很多人不理解，劝他不要做了。

他的朋友陈伟华劝他说："我觉得这东西不是很值，10 万块钱不是个小数目，10 万块钱就去买了一个技术太不值得。"他的妻子也说："10 万块钱我觉得太贵了一点，就是讲讲养的技术要 10 万块钱。"

施关水却不顾家人朋友们的劝说，很快与对方签订了为期三年的合作协议。施关水为什么非要花这么大的成本去养石蛙呢？

1999 年，施关水还在经营着一家宾馆，就发现石蛙做的菜非常受顾客的欢迎。于是就改变简单的煲汤做法，相继推出了清蒸、酱爆等菜肴，把石蛙做成了宾馆的招牌菜。施关水观察到，买进来的价格大概是在二十几块钱一斤，做好一盘菜呢就要卖到 40 块左右。但是它一盘石蛙用不了一斤蛙，不可能用上一斤蛙。一般来说二三两左右的蛙用上两个就够了。那时的石蛙都是野生的，大量的捕杀使货源越来越少，价格也由 20 多元涨到 40 多元，他觉得养石蛙肯定能赚钱。

2003 年，当看到浙江大学养殖石蛙成功消息后，施关水觉得憋在心里多年的愿望可以实现了。根据这回签订的合作协议，张老师每年上门现场指导 20 天，平时普通的事情通过电话联系，施关水付给对方 10 万元服务费。

虽然养殖过程中遇到技术问题也有过波折，但施关水最终成功了。

到 2005 年年底，施关水养殖场里有大小蛙两万多只。为了缓解经济压力，他卖出了 6 万多元的石蛙，大部分都留了下来。

杭州某酒店总经理主动找他买货，但被拒绝了，这位老板不灰心："我如果现在生他的气，我下次还要来找他的。那我现在为什么要生气，不要生气了，还得跟他搞好关系，希望他下次多支持我，能够及时地供货给我。"

原来张老师告诉他，3 月到 11 月是石蛙生长的黄金季节，按照目前的行情，一只蛙到年底至少能多卖七八元钱，所以他只在 11 月份以后才卖。施关水说从今年起他的石蛙将逐年分批上市，今年能有 7000 多只石蛙供应市场，收入将超过 30 万元，根据他现在的养殖情况，石蛙销售量将逐年增加。10 万元投资究竟能换来几个十万元呢？施关水越想越觉得这笔买卖非常划算。

一个知识功底很浅薄的农民，硬是折腾出几十万的财富来，这就归功于他主动求学、积极"借脑"的作用。个人的力量毕竟是有限的，但能够瞄准目标，打通关系，借助外脑，也能帮自己成就一番事业。尽管道路艰辛，但善于总结和积极求教的精神，最终让他走出困境，折腾出一个别具一格的新世界。

卡内基被誉为美国钢铁大王，他曾经为自己写下这样的墓志："睡在这里的是善于访求比他更聪明者的人。"他意识到个人的智慧是有局限的，也正是他善于使用优秀的人协助自己，才使自己成就了钢铁大王的美誉。

借脑让折腾更有成效。我们要多请教别人，怀着虔诚的心请别人对自己的方式、方法提出他们的意见及建议。古人云："下君之策尽自之力，中君之策尽人之力，上君之策尽人之智。"多借几个脑袋，则更容易折腾成功。

财富悟语

善于借脑的人往往会集众人智慧于一身，能办众人无法办成之事。当今社会，已经有越来越多的人认识到，学校、上培训班不仅是一种智力投资，更是一种人脉资源投资。对于想要经商、创业的人来说，不妨运用这种方式来积累人脉。借助外脑远比个人单打独斗强得多，也更容易创造更大的成绩。

第 8 章

积极探寻财富奥秘

——谋财各有道，外圆内方是钱道

会折腾首先要会做人，做人不妨做个外圆内方的人，钱道才会开阔。人仅仅依靠"方"是不够的，还需要有"圆"的包裹，不论你是在商界、仕途，还是在交友、情爱、谋职等方面折腾，掌握了做人的技巧，才能无往不利。

欲望是毒，记得给心安个杀毒软件

做人不能太贪，越贪机会就越少，我们的路也就越窄。当人们对自己的人生之路进行重新选择的时候，要有超前意识，也就是说，这种选择应该是以对社会的发展趋势的正确判断和准确把握为前提的，错误的欲望只能阻碍自己的前进。但只要你能正确判断，舍弃那些不该拥有的，你就能闯出无比辉煌的成功。

折腾也要摆正心态，切不可让自己的欲望无限膨胀。从个人和企业持续、稳定发展的角度出发，一个大订单的到来将对正在艰苦折腾的你造成何种影响？当然像是一个救星把你从生死存亡的边际拽了出来。但，并不是所有的订单都能接受的，欲望有时候是一服毒药，会让我们折腾的事业滑向深渊。

如果你接到了一笔大订单，在庆幸之余，请不要忘记上面提到的这几个问题。只有当你能够保持良好的财务状况，继续维持那些为你带来高利润的客户，并且从这笔大单中实现一定赢利的时候，你才算真正吃到了"馅饼"，而不会掉进量大利薄甚至无利可图的陷阱。

徐曙光是国际地产大鳄，2004 年他在美国房市高峰时首先预言房市泡沫出现；而在随后的经济海啸中，他却已经开始为房市的回暖做出准备。南加华裔地产界传奇人物徐曙光，利用其"反节奏"的经营理念与过人的管理才华，在中美两地创建了一个连锁经营的产业帝国。面对未来中美两地的诸多发展契机，他打算在连锁医院、康复中心等方面再展身手。

徐曙光于 1964 年出生，给人的印象是年轻但低调，言谈间流露出学者式的儒雅之气。然而他在中国的格林豪泰商务连锁酒店开办 4 年来，正以每星期增加四至五家的速度扩张，在 2008 年就已经跻身全球酒店 300 强的第 88 位。

"在任何人面前都要体现自己的价值。"这是徐曙光在 10 多年中，从一个留学生到亿万富豪的成功信条。1987 年他从中国到南加大留学，先后在数学、计算机工程及商务管理三个专业学习。未等毕业，就进入世界 500 强之一的百老汇公司担任财务经理。后又跟随老上司，转入圣塔安尼塔娱乐房地产投资基金公司担任财务总监。不久，他又入主统一集团美国公司任首席运营长。后来，他接手美国太平洋之家 APH 任董事长，在南加地产界建立了自己的产业规模，开发了医疗大厦、商业地产以及大型住宅小区等项目。

谈起企业成功之道，徐曙光说："做人不能太贪，在好的时候要能停，在不好的时候要能冲。"2004 年他在亚洲商联的演讲中，第一个提出加利福尼亚的房市面临泡沫破裂的危险，当时没有一个人同意他的观点。可是，徐曙光却在 2005 年前结束了公司的 70% 地产项目，只保留了一部分医疗中心。而事实证明，医疗中心的地产项目较能够抵抗衰退。他在那时克服了"在美国创业才是一流人才"的错觉，开始将目光转向中国。

2004 年 11 月，他凭着 1.2 亿美元的资本，在上海建立了格林豪泰品牌的第一家酒店。数年当中，已经成为著名的连锁酒店品牌。更使徐曙光高兴的是，他的酒店已经成功地进入上海世博园。他也积极参与筹备上海世博会事宜。

纵观天下经济大势，徐曙光感觉可以为地产回暖做好准备。他在美国的地产公司已经展开一个2000栋住宅小区的开发项目。并在筹建妇女中心，将医疗、预防及保健等项目集于一体。此外，他还计划在中美两地开拓医院连锁市场。同时他还希望在中美公益事业上能够更多地付出，计划在残疾人康复以及养老、环保等方面做更多的事。

"做人不能太贪，在好的时候要能停，在不好的时候要能冲"，这便是徐曙光给自己的成功之道所做的总结。一个懂得取舍，懂得选择，懂得平衡和控制的人，也是正处于"上升"阶段的人。它告诉我们，做人做事都不能太贪，小恩小惠攒多了就是一个大窟窿。欲望有毒，如果不把紧自己的欲望，你通过艰辛折腾建立的事业大厦将有随时倾倒的危险。

折腾的付出不一定就要索要相应的回报。只要付出就一定要找机会回报，行下春风望夏雨，付出就是为了追求收获。我们要切记：人生如戏，都在寻找利益的平衡，只有平衡的游戏才有可能玩下去。太贪则会带给自己祸害。折腾路上，只有合理掌控自己欲望的人，才是走得最远的人。

贪心不会让人更加富有，而会让人走向灾难。人穷志不穷，即使缺少财富却仍对意外之财不生贪心。我们在对待诱惑与坚守原则方面要做很好的权衡，才能成就自己。

世间上的行业千千万万，哪行做好了都能致富。每天都有企业垮台、破产，每天同样也有新的企业诞生。经营任何一种行业的商人，你应经营你熟悉的主业，把它研究深透，方能成为该行业的老大。作为一个成熟的折腾者，你要学会掌控自己的欲望，不要盲目贪大，那些你不熟悉的行业，千万不要轻易进入，别人在赚钱的时候，不要眼红心动，否则，今天艰辛的折腾，意味着明天的垮台！

财富悟语

通过折腾赚了钱的人们，千万不要以为有了点钱，认为什么生意都可做，什么行业的钱都想赚。人的一生虽然短暂，但常会磕磕绊绊，有悲有喜，有哭有笑，有成功就会有失败，人生并不是一帆风顺的。正确把握自己的欲望，才不至于在人生的道路上摔得更惨。

心怀创富之心，才能拥有美好未来

折腾事业是艰辛的，一个一穷二白的人的创业路更是布满了荆棘。那些成功的人其实和大多数人一样，脑子里都装着一个财富梦想，但他们又与大多数人不一样，当面对曲折的路途时可以不折不挠，内心始终怀着一颗创富的心灵，经历坎坷终能苦尽甘来，也终会迎来事业成功的曙光。

折腾的路上，我们也不知道自己下一步还会遇到什么困难，但那些成功者坚信：他们已经经历过很大的曲折和困难，所以再大的困难也会迎刃而解。财富让人生更美好，我们所要折腾的也正是我们所要

追求的。财富、成功、健康无疑是幸福人生的三大基石。如何构建它
们？华莱士是美国著名的"新思维"开创者和成功励志的鼻祖，他以
自己一生的感悟，通过一些富含哲理的思辨和冥想，给出了一个超凡
脱俗的完美答案。那就是心怀创富之心，追寻理念和信仰，我们就可
以成为生活的主宰。

　　会折腾，首先要有创富之心。但这样的愿望不会天生就有，有一个
历久弥新的秘诀，从很早时候开始，人们就在寻找这个决定自身命运的
终极"大秘密"。历代的各种图腾、宗教和哲学对此都有过模糊的暗示，
但直到近代才得以成形。内心强大并有着一颗美好的心灵，你将会变得
更加富有和成功！它必将给你的人生带来神奇的转变！

　　比尔·盖茨是很多人心目中的偶像，但你是否知道，在他的创业路
上，同样有着很多失败的经历。

　　比如，1987 年 12 月，微软与 IBM 合作开发 MS-DOS 的继任产品
OS/2，并声称性能会超越 Windows。但当时 Windows 3.0 的销售势头
非常好，最终导致微软与 IBM 分道扬镳并放弃了 OS/2 项目。Microsoft
Bob 的发布同样并不成功，虽然有着不错的创意，但由于性价比不高被
市场淘汰。当微软尝试进军玩具市场时，有谁能想到高达 100 美元的
Actimates 的寿命仅仅只有 3 年。随后，微软耗资 4.25 亿美元收购了能
让电脑和电视相连的软件开发公司 WebTV，该系统集成了硬盘驱动器、
键盘和鼠标，并可以让电视机代替 PC 显示器，但市场的反响一直比较
冷淡，需求量非常有限。在随后的 2006 年、2007 年，微软的音乐服务、
Windows Vista 也都难以俘获市场的"芳心"。在 2008 年，洽购雅虎的
项目最终以失败收场。

一次次的失败并没有打垮比尔·盖茨，Microsoft office、IE 浏览器、Xbox 360 的成功发布，让他坐拥更多的财富。在一次访问中，有人问他："你成为当今全美首富，成功的主要经验是什么？"他十分明确地回答："一是勤奋工作，二是刻苦思考。"怀着对未来的美好信念，他坚持了下来，并获得了成功。

经历了失败就对创富之心产生了怀疑，这只能让你的事业心产生动摇。在经历失败以后，成功者会反思过去，总结经验，再展望未来。他们甚至庆幸自己拥有失败的经历，因为那是美好明天的积淀。

诚然，折腾不可避免经历失败，想要从失败中走出还要避免思维定式作怪。研究指出，一个人的日常活动，90% 已经通过不断地重复某个动作，在潜意识中转化为程序化的惯性。要克服这种思维惯性，就要经常性反思自己的思维，万不可一条道儿走到黑，在思维经过"拐弯"后，再次踊跃尝试，闯出一条新路来，你的事业才会发达。

财富悟语

闯荡，离不开信念的支撑，因为太过小心而没有勇气去推一扇门，你可能就与成功擦肩而过。当别人成功的时候，你不要羡慕人家的幸运，事实上，命运也会给你机会，是你没有闯的勇气和信念。要是心怀创富之心，拿出一份勇气去闯荡，你就会闯出很大的成功。

折腾归折腾，该收手时就收手

　　折腾的路上风雨兼程，偶尔停下来，听一听虫鸣鸟叫，心境会变得宁静而悠远；折腾中纷繁忙碌中，偶尔停下来，看一看墙角细草，头脑会变得异常清醒；愁苦难耐时，偶尔停下来，观赏一下庭前花开花落，顿时身心备感解脱。折腾累了，就让自己停下来，让忙碌的心不再忙碌，让疲惫的身心暂得休息，让凌乱的步伐得以调整，你就会发现天空更加蔚蓝，大地更加苍翠。

　　折腾也许会让你身心疲惫，偶尔停下来，你会发现很多美好的东西，天空那么蓝，云朵那么白，生活中的一切都那么美好。我们是在风中奔跑的尘埃，每一刻都在不停地奔跑、奔跑。有人说这是执着，也有人羡慕我们走过了好多。会折腾的人为自己的坚持和奔跑感到骄傲，但其实，偶尔停下来的感觉更好。

　　可能以后要走的路还有很长，或许我们还要闯荡、还要奔跑，但不妨偶尔停下来，看看自己身边的一切。四季轮回，昼夜交替，停下来品味四季，感受昼夜，不管是生机、是希望、是成熟，抑或是感动，总有一天你会不禁说出："偶尔停一下，真好。"

　　折腾得太投入，总是顾不上休息，一旦停下来，倒一倒鞋中的沙砾，前行的步伐将更为有力。现代人只要开始了折腾的生活，就好像踏上了没有停靠站的高速列车，他们不知道自己将会驶向何方。不论你是初涉社会的新人，还是行业内的"老鸟"，折腾的时候都要随时审视下自己，适当地停下心灵的脚步，慎重地思考一下自己的事业规划，对自己的一生负责，该收手时就收手。

立人集团的前身是泰顺县育才高级中学，由董事长董顺生和另外 6 名股东各出资 10 万元租用一个陶瓷厂开办起家，第一学年招生 220 人。

1998 年以前，泰顺县的高中升学率一直不高，学校开办第一年招生还不错，可是由于学生不太适应学校的封闭式管理，加上百姓对民办学校学历的怀疑，学校第二学年只招收了 160 人，经营出现亏空。也就是从那个时候，他们开始了民间借贷。

随着学校规模的不断扩大，集团于 2001 年开办了育才初中，2003 年开办了育才小学和育才幼儿园。发展到了 2005 年，光靠学生的学费和民间的少量借贷已经无法维持学校的正常运作了，董事长董顺生开始寻找出路，决定向外投资，填补学校的亏损。立人集团先后涉足房地产、煤炭等行业，确实获得了赢利。但这些赢利主要支付了学校的负债和多年来的借贷利息，每年利滚利，是一笔不小的数目。

泰顺县当地的许多百姓都借钱给了立人集团。泰顺人包先生说："泰顺很多当地人都出去打工、做生意了，'立人'的利息很高，最高的时候达到 6 分息；身边很多人都借钱给立人，我也就把钱借给'立人'了。"据统计，至少有 1000 多人卷入这场始料不及的危机。

一帮有志于发展民营教育事业的折腾人，发展到今天，一家在浙江省颇具影响力的教育集团为何在 2011 年深陷债务危机呢？

立人集团董事局 2010 年年底确定了 2011 年的目标：煤炭生产量达到 500 万～600 万吨，楼盘销售达 50 万平方米。雷小草分析认为，一是从紧的宏观调控政策，使得集团名下的许多房地产项目跌入卖不动的困境，资金无法回笼。二是集团在内蒙古鄂尔多斯等地投资的煤矿产业，由于提倡节能减排，今年新出的"限产"政策严格控制了煤炭产量，今年仅 100 万吨，无法取得预期的回报。三是受温州金融危机的深度影响，人心恐慌，民间借贷"资金池"枯竭，导致资金链断裂。

立人集团在当前资金链断裂的危难下，资产难以变现。10月31日下午，集团召开"借款人代表大会"，向股东介绍13年来企业的发展历程和现状，不得不提出了重组的方案。

将事业做大做强是许多能折腾的创业者的梦想，但不懂得何时收手。立人集团在教育事业的投资上盲目扩张、战线拉得过长、投资过度，而且资金来源吊死在民资一棵树上，当情况好转时没有及时收手是失败的主因，这也是当前许多创事业的人的一个通病，教训十分深刻。

危机当头，要树立自己的信心，及时收手是化解危机之本，不会让我们的折腾成果功亏一篑。这些还要靠人们良好的心理素质，高度的社会责任和诚信，来自积极而双赢的自救方案，也借助于外界的援助与帮扶。在市场竞争的拼杀中，我们不仅要勇于折腾，还必须有一种勇往直前的精神，看准机会"该出手时就出手"，只有这样，才能及时抓住机遇，赢得胜利。可是，"人无完人"，折腾活动中"出错手"的事也是不可避免的。遇到这种情况，明智的做法就是"该收手时就收手"，尽最大努力将损失降到最小，及时地给自己转型，以适应未来的发展。

财富悟语

没有任何事情是一帆风顺的，折腾的人可能因为勇气、运气让自己赢得暂时的财富，但世界万物是不断发展的，"兵无常势，水无常形"，形势在变，我们也要跟着变，当现有的资源不适应发展变化的情况下，我们就要及时地收手，调整经营思路，转变旧有思想，才能立于不败之地。

当心，致富路上也有海市蜃楼

当我们静下心来观察自己的时候，是否也处于犹豫不定的状态中呢？你是否为一次成功的投资自命不凡？是否为一次岗位的晋升扬扬得意？再思考一下，接下去的你，还有什么目标吗？事实上，许多人并非没有碰上机遇，也并非没有把握住它，只是在取得一定成功、收获一些财富后，他们就停滞不前了。

在现代市场中，先生存再折腾是最基本的需求，全面而彻底地了解消费者则是生存及发展的必要条件。虽然我们的产品极丰富，但我们面对的是无比挑剔的消费者。消费者的需求与产品的更新换代同时升级，并最终超越了它，成为所有我们需要用心追求的目标。走在消费者之前发现需求是我们发现商机的重要源泉，在众多的需求中辨别出主流的需求是我们生存及发展的标准。

但我们也要看到，并不是所有的商机都会化为财富，风险、拦路虎等因素会让商机变为海市蜃楼，财富的获得不会那么容易。警惕财富的海市蜃楼，就要求我们做好充分的市场调查和前景预测。

为了成为市场的领导者，为了能够让企业基业长青，为了打破折腾路上的海市蜃楼，我们必须有一个清醒的大脑。问卷、电话、街头访问……种种调查方法与最新的统计工具相结合，可以帮助我们决断事业的发展方向。历史上大规模市场调查的介入成就了众多产品的辉煌，从20 世纪 20 年代的 T 形车到当今泛滥的手机，都是如此。技术的进步提高了生产效率，但也让决策变成日益困难的事情，"差之毫厘，谬以千里"绝非危言耸听。

　　朱老伯年逾六旬，虽然他年岁稍大，但一直关注投资的事情，梦想着一有机会也赚点外快。一天上午，他骑着电动车回家，在他途经一家工厂大门时，一名背黑包、操外地口音的男子上前问路。朱老伯回答后，男子从包里掏出一本各类古钱币样本及价目表，说自己高价收购古董、古币，问朱老伯是否有货？此时凑上来两名男子：一个看似白领，一个民工打扮。"白领"手指一枚样本银圆用崇明话问起了收购价，之后故作惊讶地向朱老伯透露，比市场价贵多了！"白领"又说，他的朋友想抛出这种银圆，何不先按市场价收购，再高价倒卖给眼前这个贩子，一来一去能赚很多差价？"白领"一边惊叹交"好运"，一边掏出一叠百元钞票。他数了数说不够，就向旁边也想发财的"民工"借钱，可"民工"只拿得出50元。"白领"和朱老伯商量：只要你借给我3000元，事成后还你3500元。此时的朱老伯被"飞来"的500元搅得心动，连忙回家取了3000元交给"白领"，3人一起先去收购银圆。没想到"白领"、"民工"在路上借故开溜了。当地派出所接到报警，立即组织侦破，很快将来自江苏的这个犯罪团伙5名成员一网打尽。经审讯，5人交代了以收购古钱币为名，实施5起诈骗作案的犯罪事实。

　　人常说，天上不会掉馅饼。我们不能因为贪心而去追逐那些海市蜃楼。如今街头路边诈骗层出不穷，诈骗伎俩诡异多变，宣传片和负面案例经常在播告，但还是有不少人在上当受骗。所以，在致富的路上我们要警惕那些海市蜃楼，对马路搭讪尤其是涉及钱财的事情，做到不好奇、不贪小、不理睬，自然就不会让自己吃亏。

　　折腾要有目标，个人和企业发展要有自己的定位，当一个行业出现泡沫的时候，小商家也要有自己的创新，不要一直刻意地模仿。确定好自己的市场和定位，不能盲目扩张。同时要做好长期坚持的准备，一心一意做大做强。否则，就好比看到了海市蜃楼，还以为是抓住了真正的商机，结果吃亏的还是自己。

折腾的路上，我们千万不要被虚假的景物迷惑我们的双眼，谨防市场上的海市蜃楼是我们发展壮大应该注意的重要问题。你看准的事业也许只是个假象，投资不能盲目，折腾不能莽撞，缺乏相关知识时应向专业人士寻求帮助，以免让自己和家庭陷入无尽的财务危机之中。

财富悟语

生活中，我们所看到的往往只是事物的外表，就好像我们看到一辆汽车，我们仅仅看到的是漂亮的外壳，却不了解真正致命的发动机、轴承和电路。但是真正的行家能够通过加油门的声音和刹车的路线判断这辆车的问题所在。对于你事业的前景和市场真相，折腾的人需要具备这样的辨识。

没有魄力，你拿什么折腾希望

消极的人犯错之后，经常会尽可能地少作决定。但积极的人会抛开那些错误，积极作出自己的决定，并从中吸取经验以便将来少犯错误。一个敢于折腾的人，显然是敢于拿魄力赌明天的人。人生最大的失败，莫过于因胆怯而站在原地，什么也不做。

敢于折腾并敢于第一个吃螃蟹的人，往往会得到成功的眷顾，成为离成功最近的人。所以，敢闯才会成为赢家。成功总是偏爱那些最勇敢的人。拿出魄力勇于挑战"不可能"的人，往往能创出一片崭新的天地来。

有的人生性胆怯，一遇到困难就止步不前了。在此情况下，可将束缚你心灵的东西驱除，提高自己面对现实的能力，脱离合理化、正当化这种说法的陷阱，只让事实的证据说话，将眼光放在没有确定性的未来来看待问题，制定目标，并为了达成目标制定战略方针，不必为一城一池的得失而悲欢，集中精力实施战略，这便是既有魄力又有智慧的方式。

折腾并非要置身于危险之中，但是要隔断过去的那些可以影响现在行为的甚至已经成为恶性循环的概念和经验。超越现有的框架，挑战现有的界限，经常提醒自己要克服喜好回避风险这一人类天生的弊病，并作为一种意识存在，从多方面提取有利的资料来完善自己的假说，保持继续跟踪直至修出成果。

生活里凡事缺少魄力，就不会看到希望。抱着凡事求稳的态度，这会让我们错过一次次改变命运的机会。其实，在社会闯荡的人都应该有敢于冒险、马上行动的胆略，如果太过于求稳的话，那就会一事无成。

英雄不问出处，有志不在年高。一个温州青年闯荡大连15年，成就了一个神奇的财富梦想。如今，他领导下的百年城集团已成为业界瞩目的商业地产新军，他本人也名副其实地成为商业蓝海的新贵。

1989年，做服装生意的温州人吴云前与在大连商场、中兴大厦做生意的同乡们聊天时常说："我以后要在大连建一个最好的商场。"当时，所有的人都笑他，说他是"痴人说梦"。

因为他当时只有 18 岁，怀揣着用 2000 元本钱在青海创业一年赚来的"第一桶金"来到大连。

吴云前说："我没有什么秘诀，我只是一直在坚持做一件事情！"他这些年来一直在大连做生意，赚了不少钱，也走过不少弯路。但他说，温州人做生意有一个理念：不怕赔，就怕停！因为赔了可以赚回来，而停了就意味着赚钱的机会没了。

"温州人从来不认为什么生意小，纽扣小吧，打火机小吧，但是温州人就把这些小生意给做大了。"吴云前说。他曾开过服装店，做过纺织品贸易，经营过服装、餐饮，现在从事商业地产开发。

这些年他跨越了很多行业，他总是在熟悉一个领域后突然又去尝试进入新的领域。保持创业的激情，不断尝试新的领域，可能就是他所说的"一直坚持的一件事情"。

在大连的 15 年，吴云前成就了一个温州青年神奇的财富成长故事。在短短的 15 年里，从人们的口中传出，他的身价已经超过十几亿。

折腾需要魄力，犹豫不决成就不了大事。任何领域中，那些跟班的和郁郁寡欢的人都是害怕犯错或者不敢承担责任，因而迟迟不能作出决定。谁能想象一个作不了决定的林肯吗？谁又能想象一个优柔寡断的艾森豪威尔将军？魄力，是一个领袖独有的品格，更是一个折腾成功的人的必备素质。

折腾成功的人大多具有斩钉截铁、说干就干的魄力，他们的创业精神就是根本不会给自己留退路，在风起云涌的商海浪潮中，他们只选择只做其中一种，并将其做好。而自己不太在行的东西交由手下专业人去负责，懂得放权和管理，而他做的就是统揽全局，做好部署，然后群策群力，魄力最终成就了希望。

财富悟语

　　不能因为害怕犯错和失败就不去行动，既然选择了折腾，就要拿出百分百的魄力来，就算你有时的确犯了错误，就算你大错特错又怎么样？没有人能永远是正确的。生活中美好的果实属于那些作出决定并努力执行的人，属于那些努力争取他们认为他和他的追随者们有权利拥有的人。

人生重在参与，折腾不为输赢

　　人生做自己喜欢的事情才会觉得有价值，远比折腾出金山银山来更有成就感。每个人都要追求快乐，追求一种来自内心深层的快乐。但人生不能奢求太多，可贵的是重在参与，不计较输赢，这样你将走得更稳，走得更远。

　　参与让我们更加融入生活之中，让我们学会了领悟，参与是迈入成功的第一道门槛。我们不能只站在门外，还需要敢于参与进来，敢打开自己的内心世界，敢制伏心里的怯弱，才能海阔天空，才会走出曾经的故步自封。当我们能拥有坦荡的胸襟的时候，我们会发现天高地阔，所认识的事物和问题也不像从前那样狭隘、自醉一隅了，折腾让我们得以升华。

用心去折腾，用心去参与，就会领悟到天空的豁达，体会到成功的至高境界。我们去折腾去闯荡，留下了我们或深或浅的脚印，才发现大家都是那么勤奋，那么的才华横溢，蓦然回首，面前的一片美丽的芳草地，让自己大开眼界、一饱眼福。所以说，身居井底的青蛙不会鸟瞰到外面的广阔的世界。

诚然，不可能所有的折腾都会成功，一些人通过折腾也会遭遇失败。有句话说得好，"付出不一定成功，但放弃肯定失败"。人生重在参与，有梦想就很了不起，即使实现不了自己的大梦想，但努力不会白费，也会带给我们副产品，带给我们那些意想不到的收获。

很多 20 岁出头的年轻人在大学毕业后去企业工作，几乎是多数人的职业轨迹。20 岁左右的李彦宏跟很多年轻人并无二致。唯一可能不同的是，李彦宏选择了自己喜欢和擅长的职业，并成了这个领域中的专家。

对于 20 世纪 90 年代留学美国的中国学生来说，大多是抱着读一个博士学位的目的去的。读了博士学位之后，可以回国做研究，去大学里当教授。这在很多人看来是个不错的选择。但是就读于美国布法罗纽约州立大学计算机系的李彦宏却选择一条与大多数人相反的路，那就是获得博士入学资格之后，却毅然放弃这一机会，选择直接进入企业工作。

李彦宏的第一份工作是去华尔街做实时金融信息检索，这份工作让李彦宏获得很高的收入，才 26 岁就可以租得起一套公寓，并买了属于自己的新汽车。如果换作其他人，可能就会因此满足了，安安稳稳地在华尔街这个满地是美元的地方过着悠闲的生活。可是李彦宏却在不久之后选择了辞职，他有着自己的打算。

在华尔街，李彦宏有两个重大发现：其一，他看到了股票市场上IT企业的火爆，也看到了IT企业中互联网企业的巨大潜力；其二，他结合自己所学习的页面检索技术，发现自己有必要发明一种有效的互联网搜索技术，这就是后来李彦宏在美国申请的"超链分析技术"专利。

随后，在加拿大的一个互联网技术大会上，李彦宏向Microsoft、infoseek等硅谷公司的高级技术人员讲解了自己的"超链分析技术"，让这些IT巨头们看到了自己的价值。最终李彦宏选择去了Infoseek公司，在Infoseek李彦宏受到重用，成为当时硅谷最年轻的产品经理，并获得Infoseek公司的股票，在30岁那年成了百万富翁。

从华尔街到硅谷，李彦宏都是职场中的优胜者，原因在于李彦宏始终都没有离开过自己所喜爱和擅长的搜索行业。他这种选择职业的方法让很多正准备参加工作的大学生和正在工作的职场人都有很多值得借鉴的地方。为了爱好而工作是幸福的，为了工作而工作是机械的、枯燥的。只要你找到了自己的爱好，并知道你所擅长的事情，就会精神百倍地投入工作，创造出别人无法创造的价值。

按照自己的兴趣和爱好去做事，不仅成就了自己的梦想，还实现了财富的增长，这是很多人都艳羡的。但这些所谓的成功者开始做事的时候也许并没有想这么多，他们只是感兴趣，知道做自己擅长的才是最拿手的，他们没有好高骛远，只是一步一个脚印地前进，重在参与自己喜欢的东西，没过多地想过太多的利益，所以，他们自然而然地成功了。

富翁不是由上天造就的，而是靠自己的努力和参与而实现的。有些富翁是白手起家的，你也可以白手起家。创业不是一件容易的事情，也有很多人抱怨没有资金、没有人脉根本无法去创业，但是为什么不想想我们也可以白手起家呢？

折腾也重在参与，能够参与是一种自信，也是一种勇气。不要以为别人什么都比我强，就"我"就处于"劣势"。我们的生活就是一个浩瀚的大海，百舸争流，不进则退。只要你扬起自信的风帆，这样你才不会被急流暗礁所排斥，才不会被众人远远地抛在后面；只要你勇敢地把船桨划动起来，舞动你的臂膀，挥洒着你的激情，不管你是否第一批到达彼岸，还是被甩掉，但是你参与了，在风浪中磨砺了自己的意志，让那从心底泛燃起的怯懦在现实的折腾中一一消除。

参与也是一种积极的心态。胡克尼哲是澳大利亚的著名演讲家，他一出生就没有手脚，上学时就被同学奚落，邻家女孩说他是外星人，他在生活和学习上克服着正常人无法想象的困难，无数次地，他想用自己的力量折腾一番，他也无助地问父母、问医生自己为什么这样？但是他没有因此而放弃，他选择了积极地、坦然地面对这不公正的现状，他在一次演讲中说："你隐藏了什么痛苦、什么恐惧？你不要紧紧抓着这些恐惧，只需要每次行出一步。"折腾，就意味着你不甘于压抑的现状，走出了这一步，你就是成功的。

折腾不一定就要分出个输赢来，参与代表了一种向上的人生。每个时代，都需要这种向上的力量，汲取着日月的精华，就像每棵树木、每一朵花儿都趋于阳光，每根藤条都紧紧贴附于山崖或沼泽的岸边挣扎着、努力地攀爬着。我们的人生何尝不是如此呢！

财富悟语

　　人生短短几十年，不去做点事情很对不住自己的人生。那些从白手起家蜕变为百万富翁的人，与其说是由政策环境、机遇问题、决策管理等促成的，不如说是放手折腾的结果。敢于拼搏而轻视输赢，这给想折腾的人们一些启迪，以使他们在创业的路上少走弯路。只要放宽心态，以平常心、谨慎心对待事业、对待折腾，只要精彩的过程被我们实践了，最后的输赢又何必在意呢！